CPMA专业美甲培训系列

专业美甲从入门到精通

CPMA二级美甲培训教材

CPMA教育委员会 组织编写

②

化学工业出版社

·北京·

本书主要分为两大部分。第一部分包括指甲的构造、店铺接待的基本流程，帮助读者了解最健康、安全的操作手法，提高接待客人的效率，体现店铺的专业水平，加强店铺的竞争力。第二部分包括水晶甲、光疗甲、主题彩绘、微雕浮雕、晕染等实用技法，使读者了解线下最流行与最实用的技法。

书中详细介绍了每个美甲款式所用到的材料和工具，逐步剖析技法，配合高清图片，让操作一目了然。本系列书共分三本，本书适用于以专业美甲师为目标的美甲从业人员、美甲店主以及美甲爱好者，希望能助力普通美甲师蜕变成更专业的美甲师！

作　　者：CPMA教育委员会

特别鸣谢：崔粉姬、王薪雨、王秋月、吴丹、余富明、角田美花、华舒平、高东梅、梁淑仪、魏晓丹、孙颖、马赛楠、吴霞萍、余剑楠、王蓬、徐润婷、唐艳瑜、李冠旎

图书在版编目（CIP）数据

专业美甲从入门到精通：CPMA二级美甲培训教材/CPMA教育委员会组织编写. —北京：化学工业出版社，2018.7（2024.3重印）
（CPMA专业美甲培训系列）
ISBN 978-7-122-32188-6
Ⅰ. ①专… Ⅱ. ①C… Ⅲ. ①指（趾）甲－化妆－技术培训－教材 Ⅳ. ①TS974.15
中国版本图书馆CIP数据核字(2018)第106021号

责任编辑：徐　娟　　　　装帧设计：汪　华
封面设计：刘丽华

出版发行：化学工业出版社(北京市东城区青年湖南街13号　邮政编码100011）
印　　装：北京建宏印刷有限公司
787mm×1092mm　1/16　印张8　字数180千字　2024年3月北京第1版第9次印刷

购书咨询：010-64518888　　　　售后服务：010-64518899
网　　址：http://www.cip.com.cn
凡购买本书，如有缺损质量问题，本社销售中心负责调换。

定　价：58.00元

普通美甲师到专业美甲师的升级之路，要从技术的提升与审美的提高开始。结合现实中顾客的多样需求，美甲师需要不断地学习，掌握更多实用健康的技法，让自己与顾客的需求同步。为此，CPMA 特邀众多国际美甲大师演示和讲解 CPMA 二级美甲教程，旨在提高美甲师的美甲技能和安全操作技巧。

本书主要分为两大部分。第一部分包括指甲的构造、店铺接待的基本流程，帮助读者了解最健康、安全的操作手法，提高接待客人的效率，体现店铺的专业水平，加强店铺的竞争力。第二部分包括水晶甲、光疗甲、主题彩绘、微雕浮雕、晕染等实用技法，使读者了解线下最流行与最实用的技法。

到底什么是 CPMA 前置处理，无纺布包裹拇指修死皮的要点是什么？如何区分顾客的病变甲并给出合适建议？如何粘贴钻饰才能更加牢固？怎样晕染才会更加自然？……很多的美甲知识都会在本书中一一详细呈现。本书还在相关内容处提供了考点视频二维码，供读者免费下载。

通过本书的学习，美甲师将能掌握美甲中常用的基础技法，并在练习中不断地提高自己的美甲水平，最终通过 CPMA 二级认证考试。

视频入口
二维码

编者

2018 年 4 月

CPMA全称是Certification of Professional Manicurist Association，是一项中国美甲行业的自律体系，对美甲师、美甲讲师进行规范和认证。CPMA的宗旨在于推动中国美甲行业统一标准的建立，中国美甲技师服务技术的提升，中国美甲沙龙服务和管理水平的进步。CPMA是目前全国辐射最广泛的培训认证体系，特有的ETC体系与PROUD评分系统受到全国美甲师认可。截至2018年，CPMA已在全国设立超过9处考点，通过认证学员遍布30个省、214个城市，认证的力量蔓延全国。

CPMA包括三个核心的部分：培训体系、认证考试、职业发展。

CPMA培训体系

CPMA培训体系包括系列教材、视频教学、培训课程三个部分。

系列教材由中国和日本数十位美甲行业名师共同起草和审阅，结合日本先进美甲技术与中国市场和传统，深受美甲师认可，自2016年以来已发行20000余册，是美甲行业最具影响力的教材。

视频教学由日本JNA本部认定讲师、CPMA理事会副理事长崔粉姬老师主讲，相关专业手法教学视频都在美甲帮APP的“教程”板块一一呈现。

培训课程在全国多个城市统一举办，是目前国内最大规模的美甲行业培训，每年三次，考试在北京、上海、广州等地举行。培训为期两天，由中日两国讲师共同讲授。可扫下方二维码报名CPMA培训认证。

CPMA认证考试

CPMA认证考试是中国影响力最大，参与人数最多的美甲专业认证考试。内容包括理论与技能考试，特有中国美甲行业最规范的PROUD评分标准，以保证认证具有行业认可的公信力。通过考试的考生将获得具二维码防伪技术的CPMA认证证书，可随时在网上查询证明。

CPMA职业发展

CPMA美甲师认证分为一级、二级、三级三个级别，覆盖美甲师职业发展的整条路线。一级美甲师认证适合刚入门的美甲师，主要内容为基础修手、护理、上色、卸甲等的规范手法和简单技巧。二级美甲师认证适合有一定经验的美甲师，主要内容为光疗、手绘、三色渐变等较复杂款式。三级美甲师认证适合经验丰富的美甲师，主要内容为高端技法和款式设计。

CPMA讲师认证分为一级、二级、三级三个级别，适合希望向技术培训讲师方向发展的美甲师。已经获得二级美甲师认证的美甲师可以报名CPMA一级讲师认证。讲师认证的主要内容为沟通与管理能力培训、授课技巧培训、专业进阶技术培训等。

目录

第 1 章 指甲的构造 1

1.1 指甲的结构 2
1.2 健康指甲的特征 6
1.3 指甲的颜色异常 7
1.4 常见的指甲失调与处理方法 8
1.5 常见细菌感染 13
1.6 基础护理 15

第 2 章 接待礼仪 18

2.1 美甲师礼仪与专业意识 19
2.2 店面接待 22
2.3 接待流程 22
2.4 店铺服务记录 23

第 3 章 水晶甲 25

3.1 水晶延长的产品和工具 26
3.2 基本准备工作 29
3.3 水晶延长甲 32
3.4 水晶法式甲 35
3.5 修补损伤甲 38
3.6 修复水晶甲 40
3.7 水晶加强本甲 43
3.8 卸除水晶甲 45

第 4 章 光疗甲 47

4.1 光疗甲的产品和工具 48
4.2 光疗延长甲 49

4.3 光疗法式甲 52
4.4 光疗反法式甲（高位法式） 55
4.5 快速光疗甲 57
4.6 卸除光疗甲 60

第 5 章 主题彩绘 62

5.1 彩绘的产品和工具 63
5.2 圆笔彩绘 64
5.3 小笔彩绘 70
5.4 新娘甲 74
5.5 蕾丝甲 80
5.6 多色渐变 89

第 6 章 美甲进阶技法 93

6.1 微雕的产品和工具 94
6.2 简单雕艺 95
6.3 微雕浮雕 101
6.4 晕染技法 106
6.5 美甲装饰 112

附录 118

附录 1 CPMA 专业培训认证 118
附录 2 CPMA 二级美甲师认证考试内容 119
附录 3 部分美甲专业术语中英文对照表 122

第 1 章 指甲的构造

1.1 指甲的结构
1.2 健康指甲的特征
1.3 指甲的颜色异常
1.4 常见的指甲失调与处理方法
1.5 常见细菌感染
1.6 基础护理

指甲作为皮肤的附件之一，具有特定的功能。它能保护末节指腹免受损伤，维护其稳定性，增强手指触觉的敏感性，协助受完成抓、掐、捏等动作。同时，指甲也是手部美容的重点，漂亮的指甲有助于增添女性魅力。

面对不同的指甲失调情况，美甲师有必要了解并掌握其护理方法，学会指部消毒的正确步骤与方法，掌握基础护理的顺序。

1.1 指甲的结构

1.1.1 指甲各部位的名称

指甲是由皮肤衍生而来，其生长的健康状况取决于身体的健康情况、血液循环状况和体内矿物质含量。指（趾）甲分为甲板、甲床、甲壁、甲沟、甲根、甲上皮、甲下皮等部分。指甲的生长是由甲根部的甲基质细胞增生、角化并越过甲床向前移行而成。

图 1-1 是指甲解剖图，图 1-2 是侧面指甲解剖图。

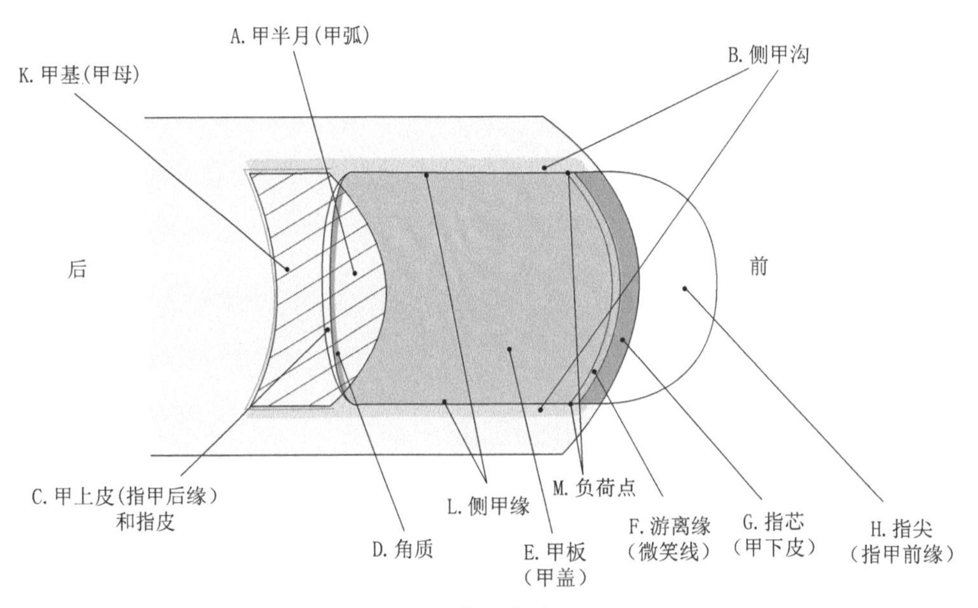

图 1-1 指甲解剖图

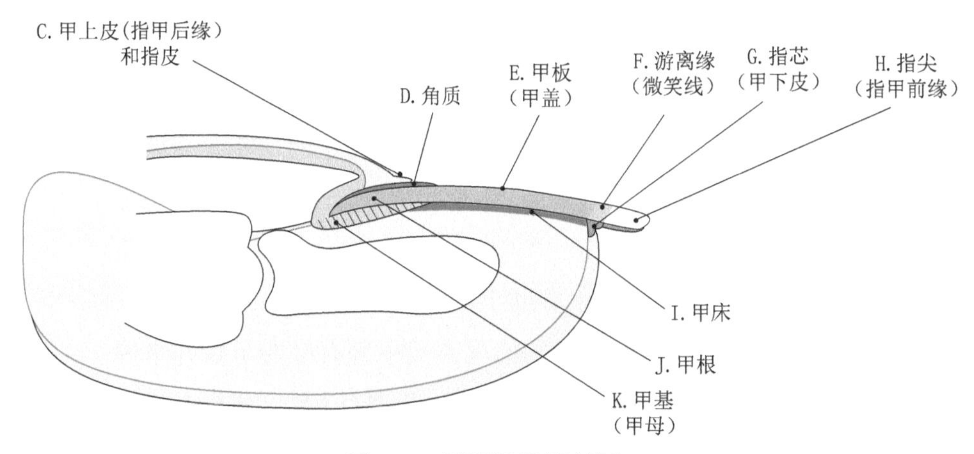

图 1-2 侧面指甲解剖图

A. 甲半月（甲弧）

甲半月位于甲根与甲床的连接处，呈白色，半月形，又称甲弧。需要注意的是，甲板并不是坚固地附着在甲基上，只是通过甲弧与之相连。

B. 侧甲沟

侧甲沟是指沿指甲周围的皮肤凹陷之处，甲壁是甲沟处的皮肤。

C. 甲上皮（指甲后缘）和指皮

指甲后缘指的是指甲伸入皮肤的边缘地带，又称甲上皮。指皮是覆盖在指根上的一层皮肤，它也覆盖着指甲后缘。

D. 角质

角质是甲上皮细胞的新陈代谢产生的。

E. 甲板（甲盖）

甲板又称甲盖，位于指皮与指甲前缘之间，附着在甲床上。由 3 层软硬间隔的角蛋白细胞组成，本身不含有神经和毛细血管。清洁指甲前缘下的污垢时不可太深入，避免伤及甲床或导致甲板从甲床上松动，甚至脱落。

F. 游离缘（微笑线）

游离缘位于甲床前端，又称微笑线。

G. 指芯（甲下皮）

指芯是指指甲前缘下的薄层皮肤，又称甲下皮。打磨指甲时注意从两边向中间打磨，切勿从中间向两边来回打磨，否则有可能使指甲断裂。

H. 指尖（指甲前缘）

指尖是指甲顶部延伸出甲床的部分，又称指甲前缘。

I. 甲床

甲床位于指甲的下面，含有大量的毛细血管和神经，由于含有毛细血管，所以甲床呈粉红色。

J. 甲根

甲根位于皮肤下面，较为薄软，其作用是以新产生的指甲细胞推动老细胞向外生长，促进指甲的更新。

K. 甲基（甲母）

甲基位于指甲根部，又称甲母，其作用是产生组成指甲的角蛋白细胞。甲基含有毛细血管、淋巴管和神经，因此极为敏感。甲基是指甲生长的源泉，甲基受损就是意味着指甲停止生长或畸形生长。做指甲时应极为小心，避免伤及甲基。

L. 侧甲缘

侧甲缘是指甲两边的边缘。

M. 负荷点（A、B 点）

负荷点是游离缘和侧甲缘的连接点，又称 A、B 点。

1.1.2 指甲的组成

表皮角质层经过特殊分化，使极薄的角质片堆积成云母状构造，从而形成指甲，如图 1-3 所示。其中表层、内层由薄角蛋白直向连接形成，中层由最厚的角蛋白横向连接形成。也就是说这三层结构使指甲不仅强硬，且兼备柔韧性。

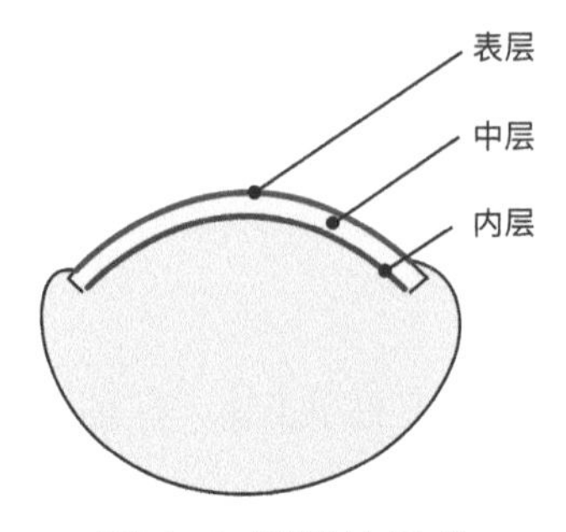

图 1-3 指甲的组成

1.1.3 指甲的成分

指甲的主要成分为纤维质的角蛋白。指甲的角蛋白聚集了氨基酸，含硫的氨基酸量多就会形成硬角蛋白，量少就会形成软角蛋白。皮肤的角质为软角蛋白，毛发及指甲为硬角蛋白。

1.1.4 指甲的形成

指甲与皮肤表皮的成分同样为角蛋白质，而它们的区别在于：皮肤表皮的角质层脱核后最终会形成皮屑或皮垢脱落，不断新陈代谢。而甲基产生的特殊角质只会不断堆积，从而形成指甲，使我们的指甲生长、变长。

1.1.5 指甲的固定点

甲盖覆盖于甲床上，指甲后缘、两侧甲缘、甲下皮四点使甲盖得以固定。图 1-4 所示是指甲的固定点。

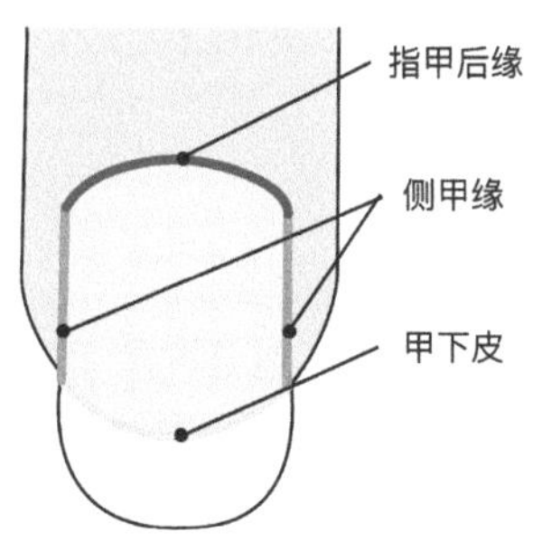

图 1-4 指甲的固定点

知识便签

1.2 健康指甲的特征

健康的指甲因血液供应充分而呈粉红色，表面光滑圆润，厚薄适度；形状平滑，甲面无纵横沟纹；指甲对称，不偏斜，无凹陷或末端向上翘起的现象。把十个指甲放在阳光下观察，手指转动，如指甲表面有闪耀的反射，那就处于极佳状态。

1.2.1 指甲类型

健康型：甲面平滑，富有弹性，呈粉红色。

干燥型：指甲边缘破损，形成薄片状，有裂开和剥落的现象。

易脆型：非常坚硬，呈一种弯曲状，如鹰嘴，无弹性，有高度损伤和破裂现象。

损伤型：薄弱、柔软、破裂、无光泽。

1.2.2 指甲的生长情况

- 指甲每天约生长 0.1 毫米，每月约生长 3 毫米，从甲母到指尖一个轮回大致需要 4 个月，夏天比冬天长得快。
- 手指甲比脚趾甲生长速度快 3 倍。
- 指甲的平均厚度为 0.35 毫米，而欧美人的指甲一般厚于亚洲人。
- 指甲是有韧性的，而且指甲含水，含水量为 7% ~ 12%。
- 指甲的硬度是 2.5 摩尔度，石膏为 2 摩尔度，所以指甲比石膏还要坚硬。
- 指甲是白色半透明的，光线可以透过，由于反射了指甲床的血管颜色，所以健康的指甲应表面光滑亮泽、富有弹性、呈粉红色。

知识便签

1.3 指甲的颜色异常

指甲有丰富的微细血管和神经末梢，在一定程度上反映了全身的健康状况。健康的指甲是粉红色的,有充足的血液供应。指甲的颜色变化或异常,往往是营养缺乏或其他潜在病症造成的。

（1）指甲发白

贫血常会造成指甲发白，发灰。当顾客有贫血、心脏或肝的疾病时指甲会显得苍白而无血色，薄而软。

（2）指甲发蓝

指甲发蓝是由于肺部供氧不足所至。大多在气温低的情况下发生，也可能是全身血液循环不良或某种心肺疾病的症状。

（3）甲弧影青紫

甲弧影青紫多见于血液循环不好的心脏病患者。由于血液循环不好，肢端静脉缺氧。除建议去医院治疗外，还可以通过按摩促进血液循环改善状况。

（4）黄色指甲

黄色指甲的产生原因较多，可能是抽烟或接触各类化学制品所导致。如果甲质软而脆，指甲表面症状发生改变，则可能因真菌感染所造成，如果指甲生长减慢、增厚，表面又变得十分坚硬，呈现黄色、绿色，可能是由于慢性呼吸道疾病、甲状腺或淋巴疾病造成。

（5）黑色指甲

黑色指甲是由于缺乏维生素 B12,长期接触水银药剂、染发剂等,或由于真菌感染而造成的。

（6）绿色指甲

指甲上的绿色斑点是绿脓杆菌感染所造成的霉变点。常出现在因为在美甲操作中消毒不当或人造指甲起翘，不能及时修补使绿脓杆菌侵入而造成。

（7）棕色指甲

棕色指甲往往是由细菌或真菌感染所造成的慢性甲沟炎、灰指甲。

（8）棕褐色指甲

棕褐色指甲是长期使用含氧化剂的药膏或劣质指甲油所造成的，如小块或大片斑点地分布在大拇指和大脚趾上，也可能是恶性肿瘤的信号。

1.4 常见的指甲失调与处理方法

熟悉和了解常见的指甲失调状态，有利于我们在为顾客做美甲时做出准确判断，并采用正确的处理方法和美甲方式。

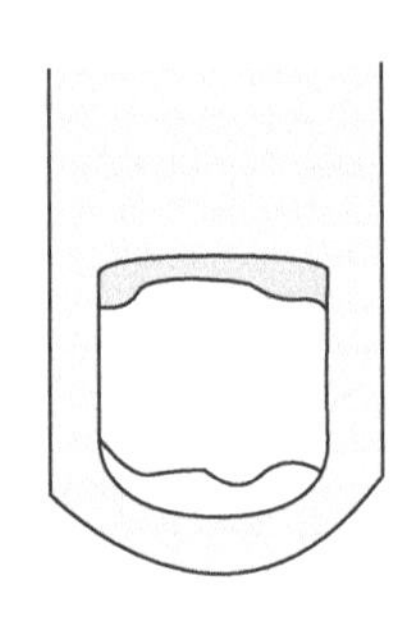

指甲萎缩

指甲萎缩是因为经常接触化学品使指芯受损、指甲失去光泽，严重时会使整个指甲剥落。

处理方法

- 指甲萎缩不严重时，可以直接制作水晶甲或光疗甲，但要注意卡上指托板的方法。
- 指甲萎缩严重时，可以采用水晶甲的残甲修补法，先制作出虚拟甲床部分，然后进行水晶甲延长操作。
- 指甲萎缩严重（萎缩部分超过甲盖上部 1/3）并伴有炎症时，应建议顾客去医院治疗。

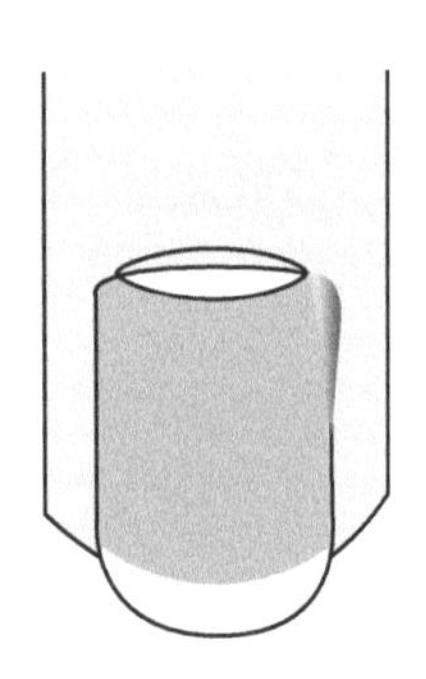

甲沟破裂

甲沟破裂是因为进入秋冬季时，气温逐渐下降，皮肤腺的分泌随之减少，手、脚暴露在外面的部分散热面大，手上的油脂迅速挥发，逐渐在甲沟处出现裂口、流血等破损现象。

处理方法

- 适当减少洗手次数，洗完后，用干软毛巾吸干水分，并擦营养油保护皮肤。
- 定期做蜜蜡手护理。
- 多食用胡萝卜、菠菜等富含维生素 A 的食物。

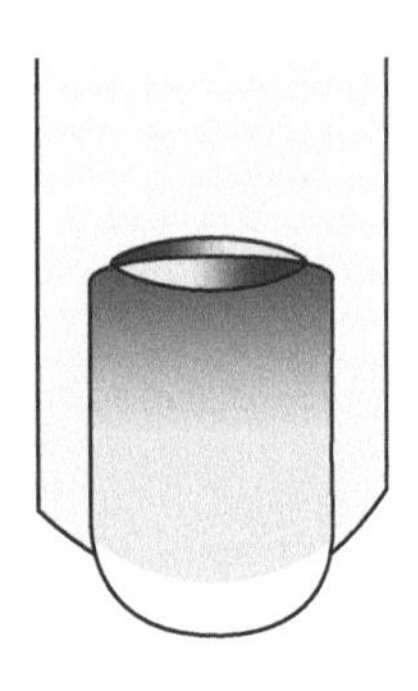

指甲淤血

指甲淤血指的是指甲下呈现血丝或出现蓝黑色的斑点，大多数由于外力撞击、挤压、碰撞而成，也有的是受猪肉中旋毛虫感染或肝病所影响造成。

处理方法

- 如果指甲未伤至甲根、甲基，则指甲会正常生长。可以进行自然指甲修护，为甲面涂抹深色甲油加以覆盖。
- 各类美甲方法均可使用，主要是要注意覆盖住斑点部分。
- 如果指甲体松动或伴有炎症，应请顾客去医院治疗。

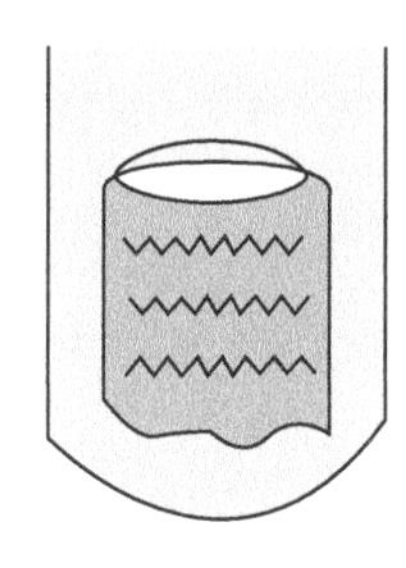

咬残指甲

咬指甲是一个不好的习惯，多为神经紧张所致。

处理方法

- 可以做水晶甲，不但可以美化指甲，还有助于改掉坏习惯。
- 细心修整指甲前缘，并进行营养美甲。
- 鼓励顾客定期修指甲和进行正确的营养调理。

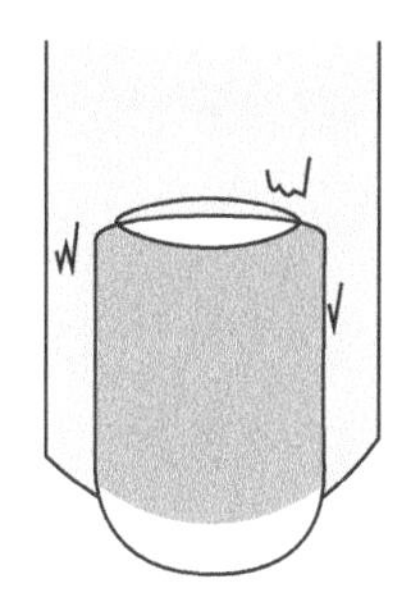

甲刺

甲刺是因为手部未保持适度滋润而使指甲根部指皮开裂，长出的多余皮肤，或由于接触强烈的甲油去除剂或清洁剂而造成。

处理方法

- 做指甲基础护理，使干燥的皮肤润泽，用死皮剪剪去多余的肉刺。注意不要拉断，避免拉伤皮肤。
- 涂抹含有油分较多的润肤剂，并用手轻轻按摩。
- 为避免指皮开裂感染而发炎，用含有杀菌剂的皂液浸泡手部，手部护理后，再涂敷抗生素软膏，效果会更理想。

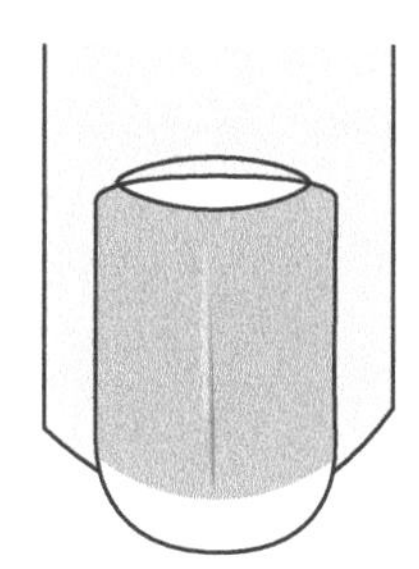

甲嵴

甲嵴由指甲疾病或者外伤造成，指甲又厚又干燥，表面有嵴状凸起，可以通过打磨使指甲完整。

处理方法

- 此种情况用砂条进行打磨或海绵锉进行抛磨即可。

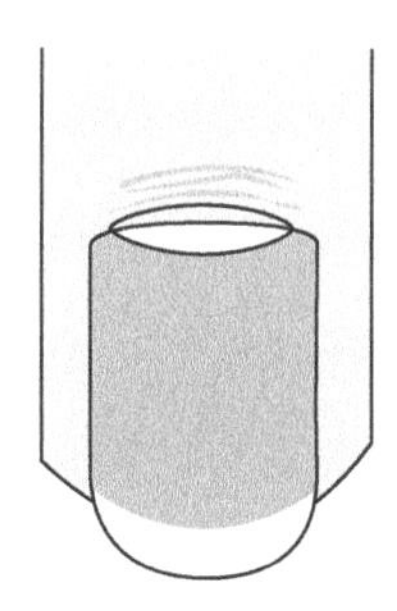

指甲软皮过长

长期没有做过指甲基础护理和保养，老化的指皮在指甲后缘过多地堆积，形成褶皱硬皮，包住甲盖，会使指甲显得短小。

处理方法

- 将指皮软化剂涂抹在死皮处，用死皮推将过长的死皮向指甲后缘推动，或用专业的死皮剪将多余的死皮剪除。
- 蜜蜡护理法，使指皮充分滋润、软化后再推剪死皮。
- 自我护理法。淋浴后，用柔软的毛巾裹住手指，轻轻将指皮向后缘推动。将按摩乳液涂抹在手指上，给予按摩。
- 建议顾客到专业美甲店进行定期的手部护理保养。

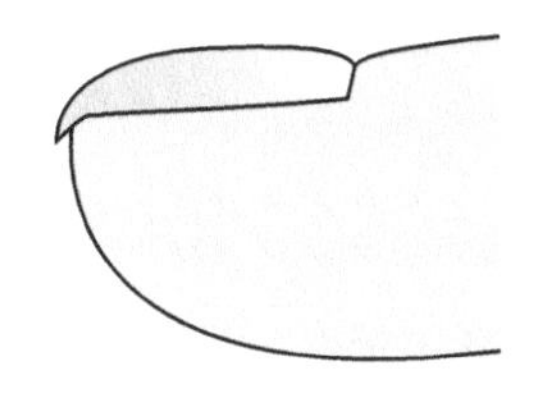

蛋壳形指甲

指甲呈白色，脆弱薄软易折断，指甲前缘常呈弯曲前勾状，并往往伴有指芯外露或萎缩的现象，指甲失去光泽。此类指甲大多数是由遗传、受伤或慢性疾病等情况所造成的。

处理方法

- 定期做指甲基础护理，加固指甲，使指甲增加营养，增加硬度。
- 因为指甲弯曲前勾，不适于贴甲片，只适合做水晶甲和光疗甲。在做水晶甲与光疗甲时应注意轻推指皮；选择细面砂条进行刻磨，避免伤害本甲；修剪指甲前缘时，应先剪两侧，后剪中间，避免指甲折断。
- 上指托板时，要适当修剪指托板，避免刺激指芯。

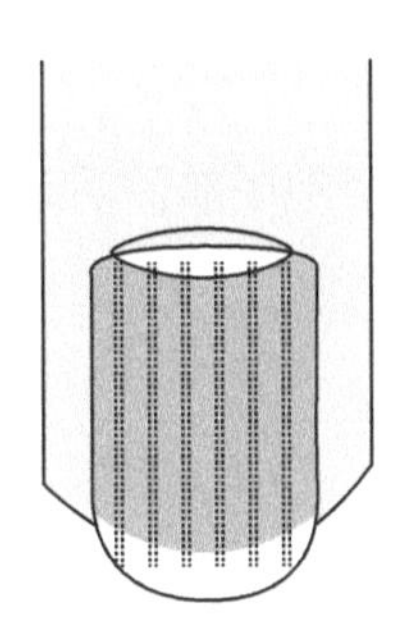

指甲起皱

指甲起皱表现为指甲表面出现纵向纹理，一般是由疾病、节食、吸烟、不规律的生活、精神紧张所造成的。

处理方法

- 一般情况下，不影响做美甲。此类指甲表面比较干燥，经常做指甲基础护理并建议顾客做合理的休息及调养，会使表面症状得到缓解。
- 美甲时，表面刻磨时凹凸不平的侧面都要刻磨到位。

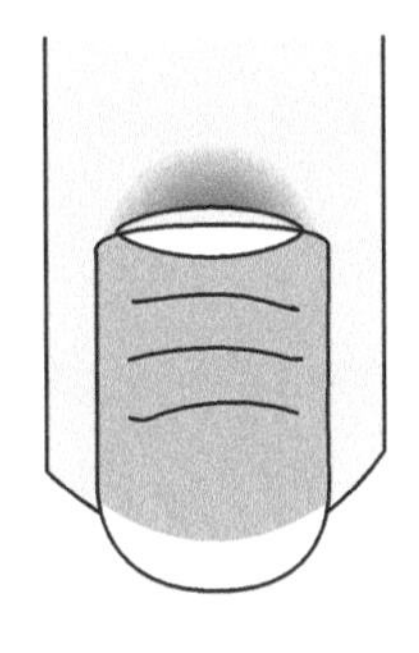

甲沟炎

甲沟炎即在甲沟部位发生的感染。多因甲沟及其附近组织刺伤、擦伤、嵌甲或拔甲刺后造成。感染一般由细菌或真菌感染所引起，特别是白色念珠菌会造成慢性感染，并有顽强的持续性。

处理方法

- 保护双手（脚），不要长时间在水中或肥皂水中浸泡，洗手（脚）后要立即擦干。
- 正确修剪指甲，将指甲修剪成方形或方圆形，不要将两侧角剪掉，否则新长出的指甲容易嵌入软组织中。
- 如果患处已化脓，应消毒后将疮刺破让脓流出，缓解疼痛，并使用抗真菌的软膏轻敷在创口处。
- 情况严重者，应尽快就医。化脓、炎症期间不能做美甲。

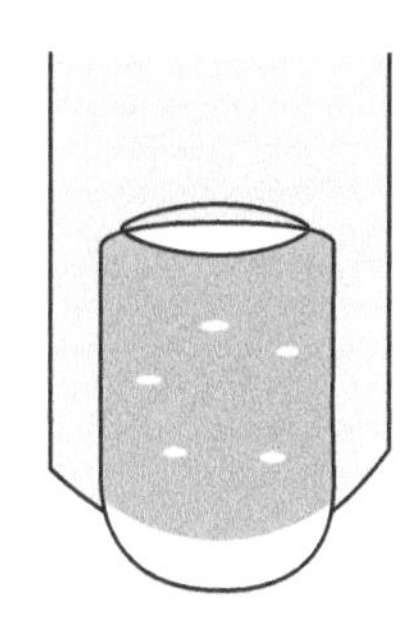

白斑甲

白斑甲是由于缺乏锌元素，或指甲受损、空气侵入所造成，也可能由于长期接触砷等重金属中毒，而使指甲表面产生白色横纹斑，另外也可能是由于指甲缺乏角质素。

处理方法

- 此种情况建议顾客定期做手部基础护理和美甲即可。

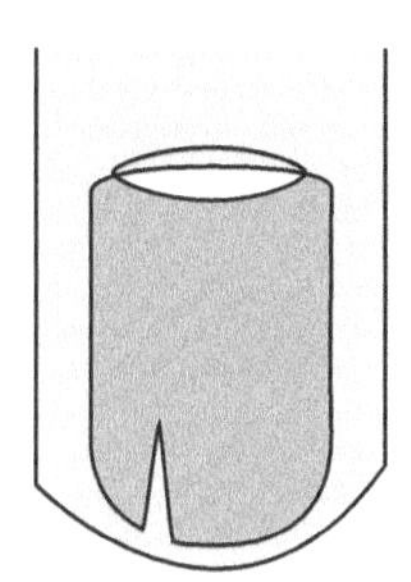

指甲破折

指甲破折主要是由长期接触强烈的清洁剂、显影剂、强碱性肥皂及化学品造成的。美甲师长期接触卸甲液、洗甲水等含有丙酮及刺激性的化学物质，或者剪锉不当，手指受伤、关节炎等身体疾病影响都会造成指甲破裂。

处理方法

- 从指甲两侧小心地剪除破裂的指尖。
- 做油式电热手护理或定期做蜜蜡手护理可以缓解。
- 工作时戴防护手套，避免长期接触化学品造成侵蚀。
- 多食用含维生素 A、维生素 C 类的蔬菜和鱼肝油。
- 做水晶甲可以改变和防止指甲破裂。

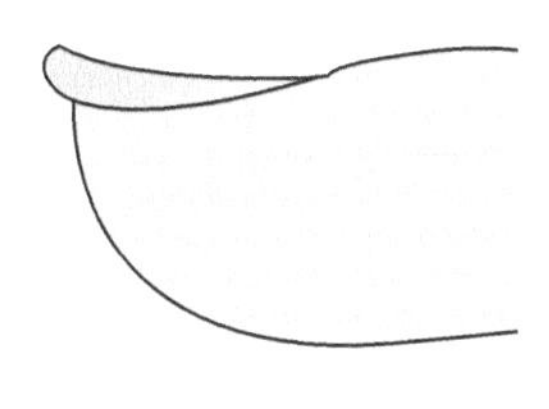

勺形指甲

勺形指甲是缺乏钙质、营养不良，尤其是缺铁性贫血的症状。

处理方法

- 定期做手部营养护理。
- 多食用绿色蔬菜、红肉、坚果（尤其是杏仁）之类富含矿物质的食物。
- 做延长甲时应修剪上翘的指甲前缘，并填补凹陷部位，注意卡指托板的方法。

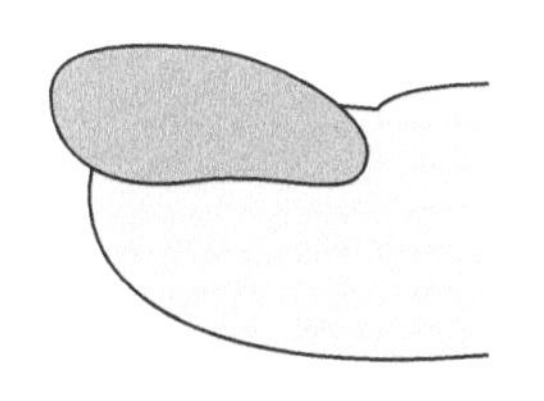

指甲过宽或过厚

指甲过宽或过厚多半发生在脚趾甲上，主要由于缺乏修整或鞋子过紧造成。遗传、细菌感染或体内疾病都会影响指甲的生长。

处理方法

- 做足部基础护理。
- 用细面砂条打磨过厚部分。

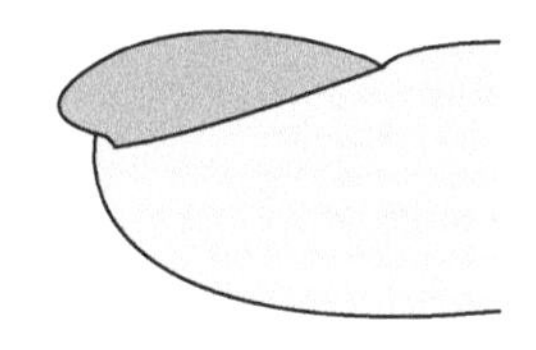

指芯外露

经常接触碱性强的肥皂和化学品，或清理指尖时过深地探入，损伤指芯，都容易造成指芯明显向甲床萎缩，指尖出现参差不齐的现象，严重时会导致指甲完全脱落。

处理方法

- 避免刺激指芯。
- 平时接触化学品后，应用清水清洗干净，并定期做手部护理，在指甲表面涂上营养油，促使指甲迅速恢复正常。
- 稍有指芯外露现象，可以做美甲服务。做延长甲时，应注意纸托板的上法。
- 如指芯外露有受损的情况并伴有炎症时，不能做美甲服务，应该去医院治疗。

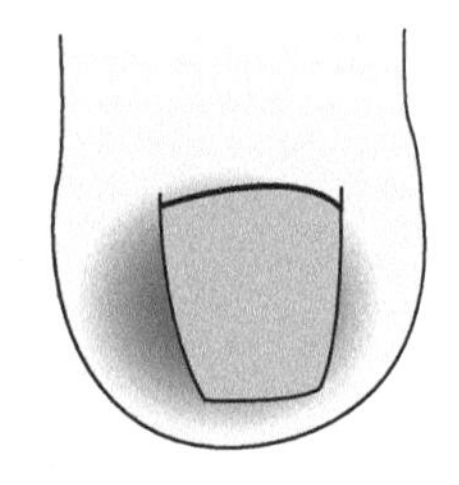

嵌甲

嵌甲是甲沟炎的前期，大多数发生在脚趾甲上，主要是穿鞋过紧或修剪不当所造成。女性长期穿高跟鞋，给脚部增加压力，会造成指甲畸形生长。

处理方法

- 此种情况应建议顾客及时就医。

Tips:

- 常见的细菌感染会引发手指炎症，红肿热痛，例如甲沟炎等问题，因此，减少手部细菌的数量很重要，美甲师应该做到以下步骤：
  ①用洗手液或肥皂清洁手部；
  ②服务前用酒精或消毒液擦拭美甲师自身与顾客手部；
  ③美甲服务结束后应用酒精或湿纸巾对顾客双手再次清洁。

知识便签

1.5 常见细菌感染

1.5.1 代表性的皮肤疾病

表 1–1 是代表性的皮肤病及症状。

表 1–1 代表性皮肤病及症状

皮肤病	症状
接触性皮肤炎	因外部刺激而引发的发炎症状，大略分为刺激性和过敏性两大类
湿疹	发生在皮肤表皮的发炎现象，可能的症状为发红、瘙痒、结痂
干癣	一种慢性的发炎现象，会被一种银色的结痂覆盖，呈干裂状态的皮肤疾病

1.5.2 传染性皮肤病

表 1–2 是传染性皮肤病举例。

表 1–2 传染性皮肤病举例

皮肤病	主要原因	症状	示意图
寻常疣	疣病毒（人类乳头状瘤病毒）（由病毒引起）	由人类乳头状瘤病毒感染所引起。角质过厚的部分能看到点状的褐色	
单纯性疱疹	疱疹病毒（由病毒引起）	由单纯疱疹病毒感染所引起。免疫力低下时会反复发作。唇部（口唇疱疹）以及皮肤上出现簇集性小水疱及小脓疱	
传染性脓痂疹	黄色葡萄球菌或链球菌（由细菌引起）	小水泡、脓疱、糜烂（湿黏发红的症状）。会出现水泡性脓痂疹和痂皮性脓痂疹，通常会出现在成人身上的痂皮性脓痂疹，也有可能因季节关系出现	

续表

皮肤病	主要原因	症状	示意图
手部白癣	白癣菌（由真菌引起）	手部白癣会出现小水泡、鳞屑、糜烂等情况。指甲白癣则是在指甲的地方会呈现浊白色或黄白色的变化，由白癣菌感染发生	
绿指甲	绿脓杆菌（由细菌引起）	绿脓杆菌经常分布在家中用水的地方（如浴室、厨房、洗漱台等）、土壤以及人类的大肠中。绿脓杆菌病原性较低，因此如果能够保持健康，就不易感染。但如果恶化因子不断积累，健康的人士也有可能感染绿脓杆菌	
疥疮	疥螨（由寄生虫引起）	感染后约有2~4周的潜伏期后发病，会伴随着非常难耐的瘙痒，由于疥螨寄生而发生	

1.5.3 传染性的指甲疾病

表 1–3 为传染性指甲疾病的原因及症状。

表 1–3 传染性指甲疾病的原因及症状

指甲疾病名称	主要原因	症状
指甲下方寻常疣	疣病毒（人类乳突病毒）（因病毒引起）	特征在于指甲下方的角质增生，难以痊愈 由于指尖感染人类乳突病毒而发生
手指白癣	白癣菌（因真菌引起）	指甲呈现浊白色或黄白色的变化，出现剥离等症状。由白癣菌感染发生
手指疥疮	疥螨（因寄生虫引起）	感染后约有 2 ~ 4 周的潜伏期后发病，会伴随着非常难耐的瘙痒。由于疥螨寄生而发生。指甲下方若有疥螨卵，则会不断发病

1.6 基础护理

基础护理需要的工具和材料有：薄款砂条、海绵锉、粉尘刷、软化剂、泡手碗、硬毛清洁刷、死皮推、小碗、毛巾、无纺布、死皮剪。

基础护理的标准流程如下。

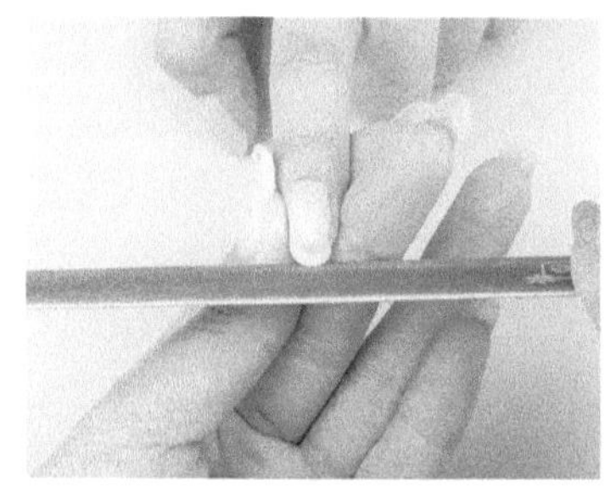

1　将薄款砂条放在指甲前端，往同一方向移动修磨，并用自己的手指作为支持点，保证稳定性

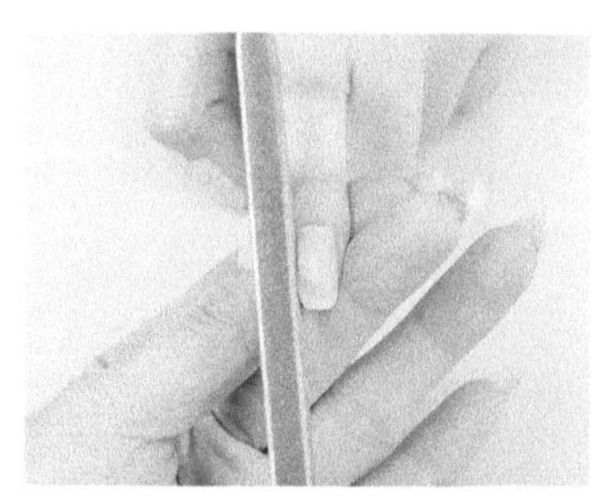

2　修整一边甲侧使之与前端垂直

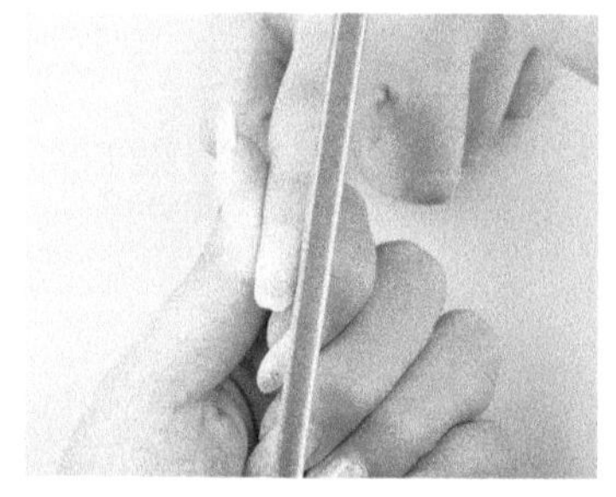

3　用同样方法，修磨另一边甲侧

4-1

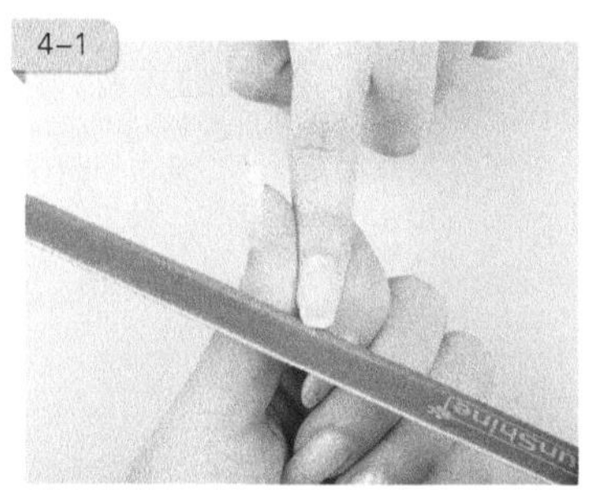

4-2

4　先确定指甲中心最高点，将两侧的拐角处往中心最高点的位置修磨，修出圆形

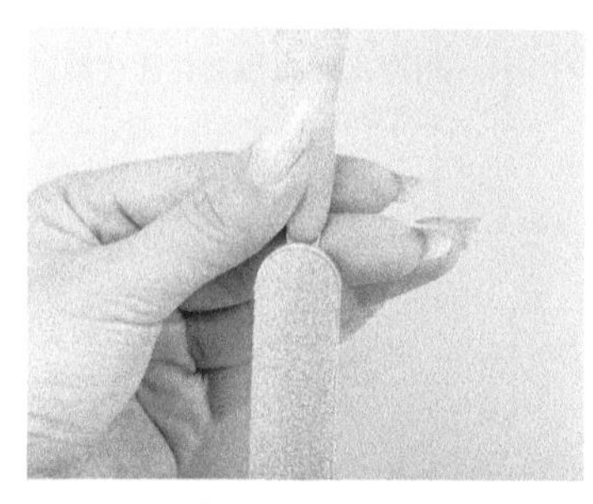

5　用海绵锉去除甲缘多余的毛屑

6-1

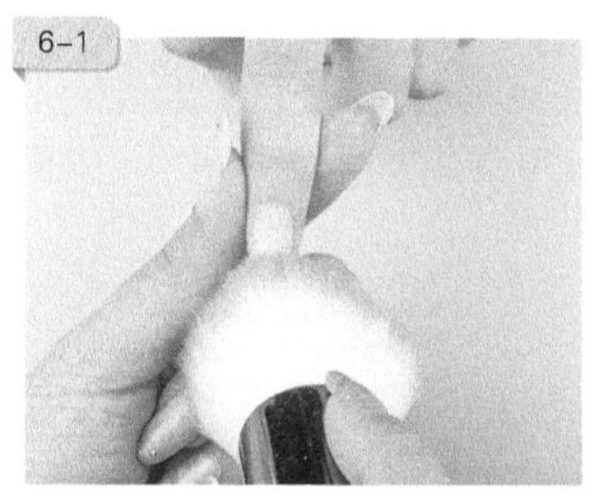

6-2

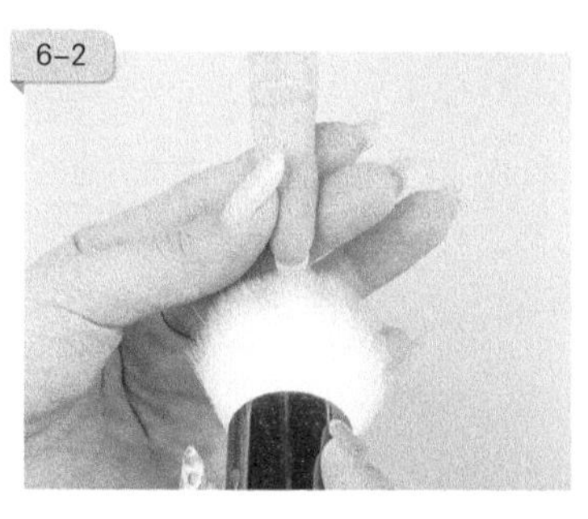

6　用粉尘刷扫除多余粉屑

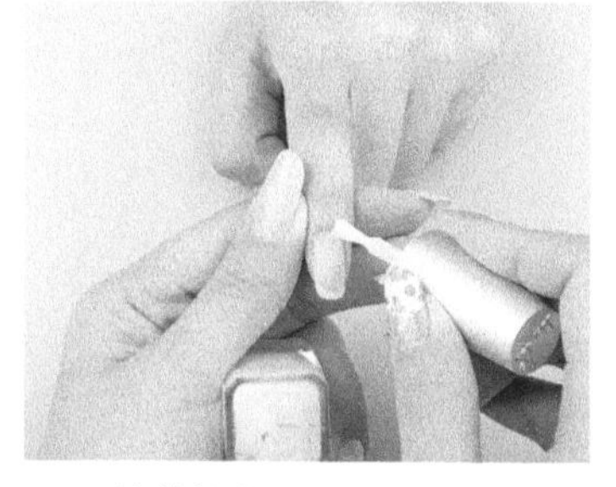

7　涂抹软化剂，需均匀涂抹在手指指皮、指甲两侧及后缘，软化剂尽量不要涂抹到甲面上

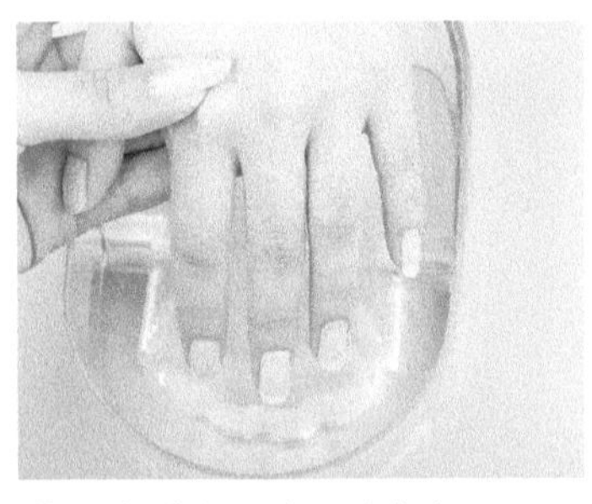

8 泡手碗里放入温度为 38 ~ 42 摄氏度的适量温水，浸泡手指，软化死皮和指甲周边的角质

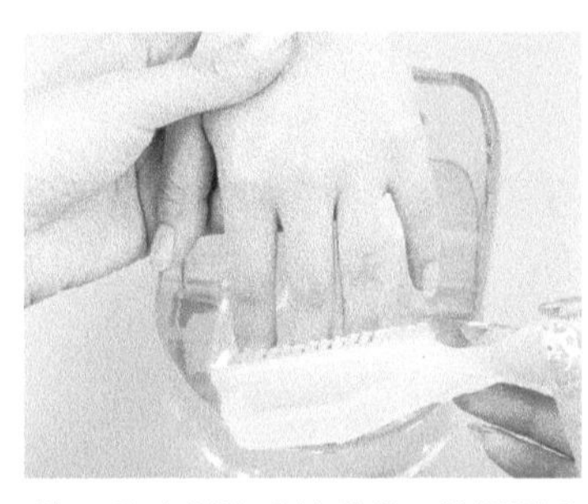

9 取出浸泡后的手指，并用硬毛清洁刷轻轻刷去指上多余的软化剂

10 用毛巾轻轻擦干多余水分

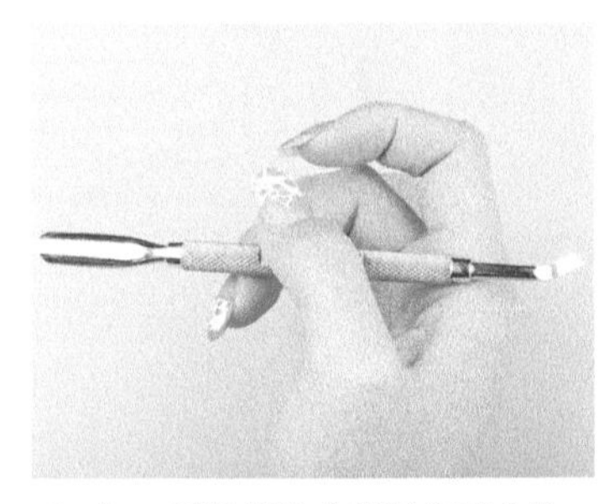

11 用拇指和中指握住死皮推，食指轻轻抬起

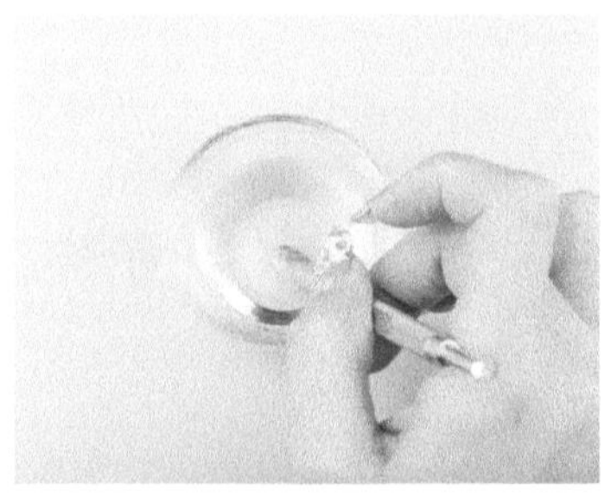

12 用死皮推沾取小碗里的清水，用于推死皮

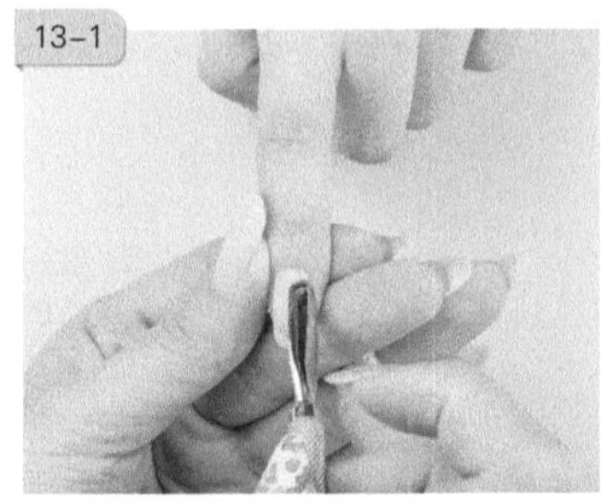

13-1

13 用死皮推轻轻推起死皮，从右侧开始向后缘和左侧呈放射状推动，死皮推与甲面应呈 45 度 ~ 60 度，避免伤及本甲

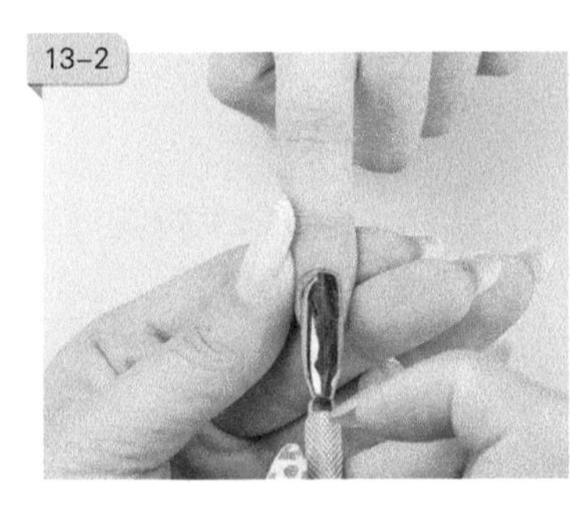

13-2

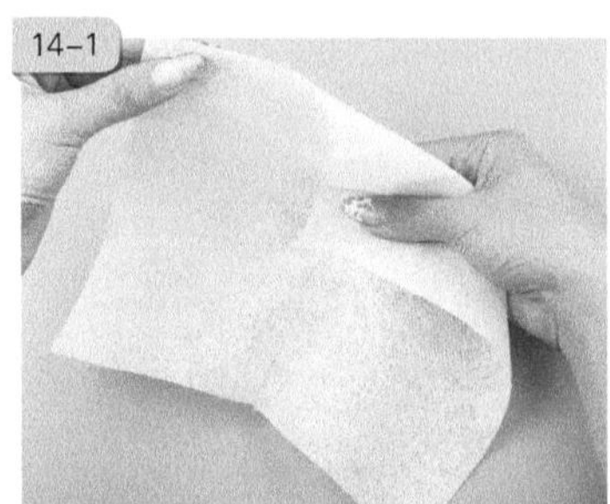

14-1

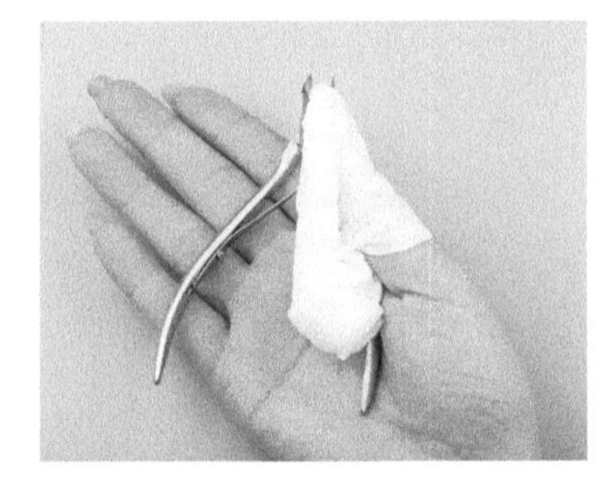

14-2

14 取一块无纺布，折叠并包裹大拇指，注意拇指不要过度用力，以防戳穿无纺布，还有应包裹结实不能松散

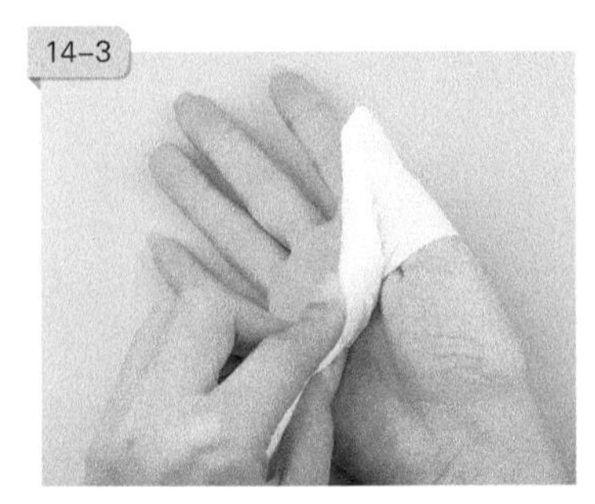

14-3

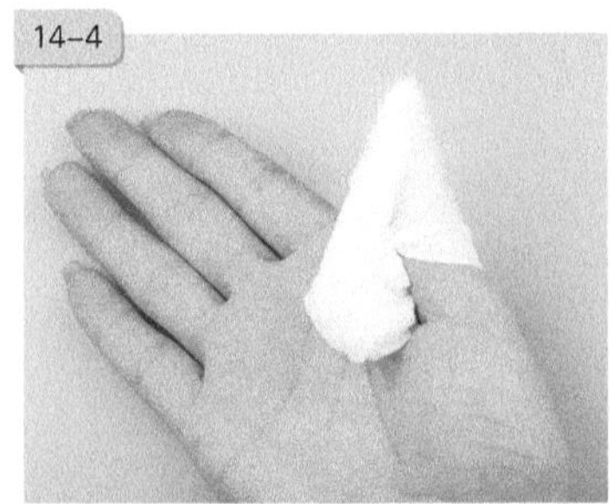

14-4

15 与死皮剪搭配使用

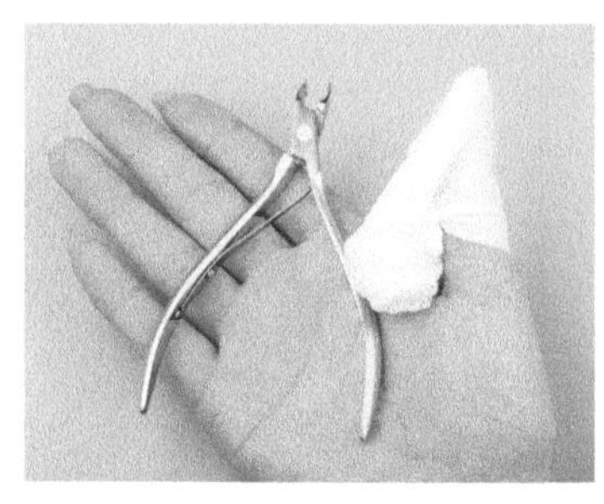

16　手心朝上抓握死皮剪

17　用包裹无纺布的拇指沾取小碗里的清水，用于滋润指甲周边的死皮

18-1

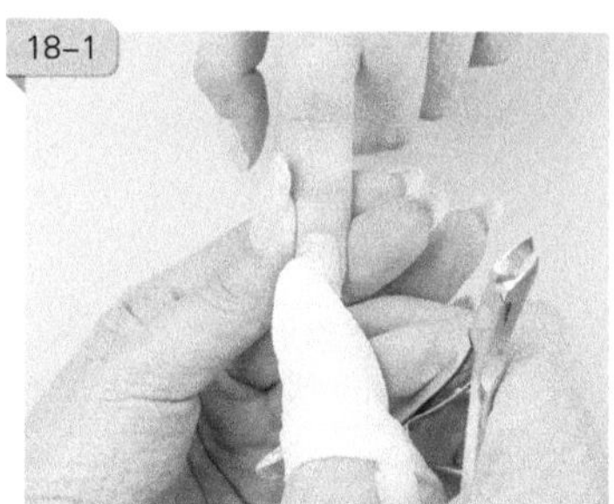

18　依次用大拇指擦拭指甲后缘、两侧

18-2

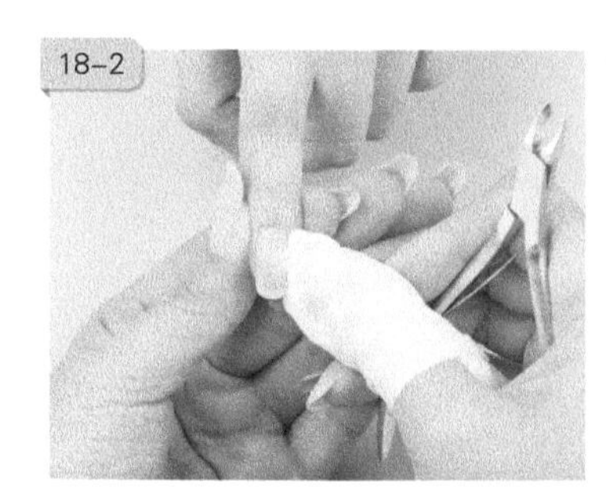

18-3

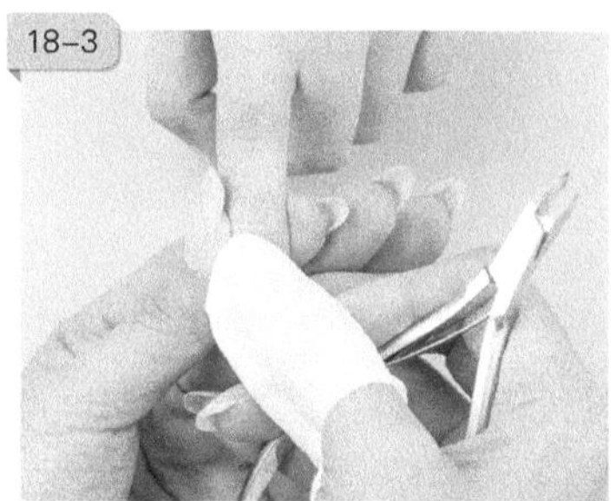

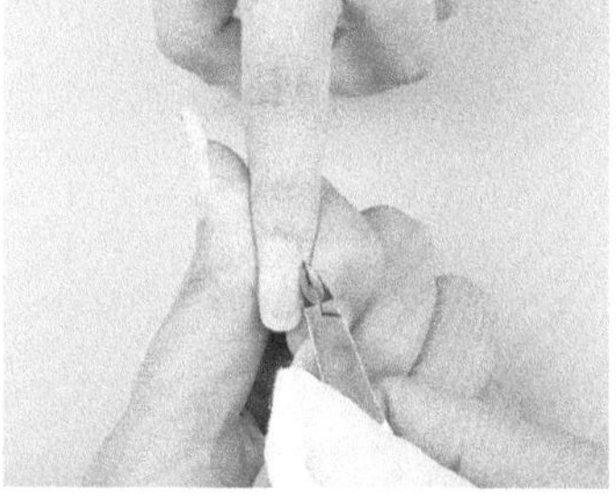

19　用死皮剪从右侧开始剪去甲侧及后缘死皮或倒刺，注意握死皮剪的手要有支撑点，这里支撑点在手掌上

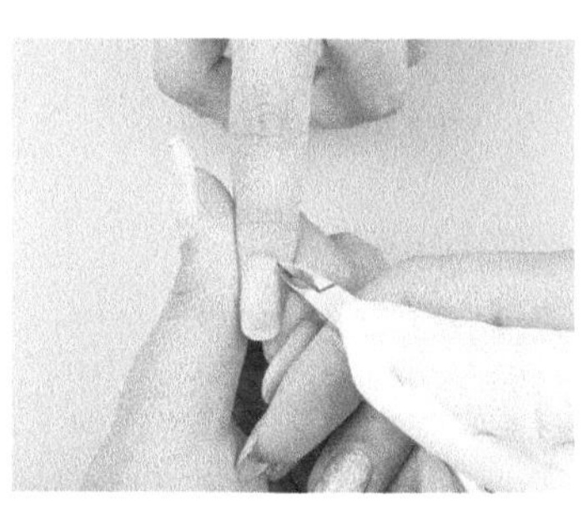

20　修剪右侧拐角处及后缘位置时，用握死皮剪的食指在左手的食指与中指中间作支撑点

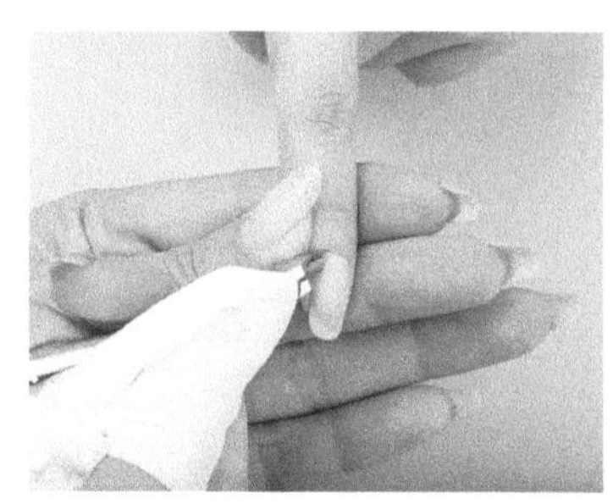

21　修剪左侧时，支撑点也是在手掌上

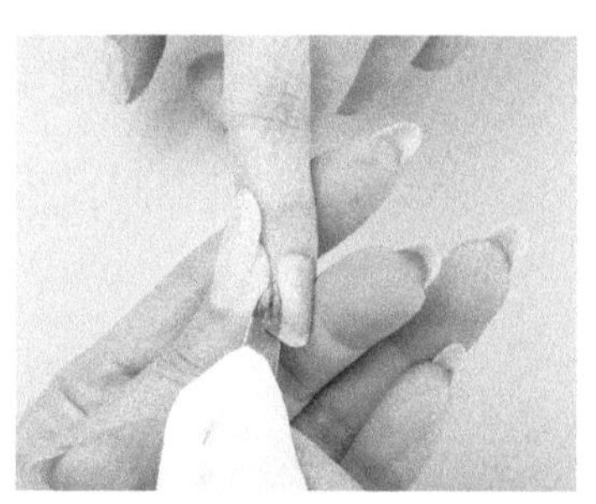

22　修剪左侧拐角处及后缘时，支撑点在左手大鱼际上

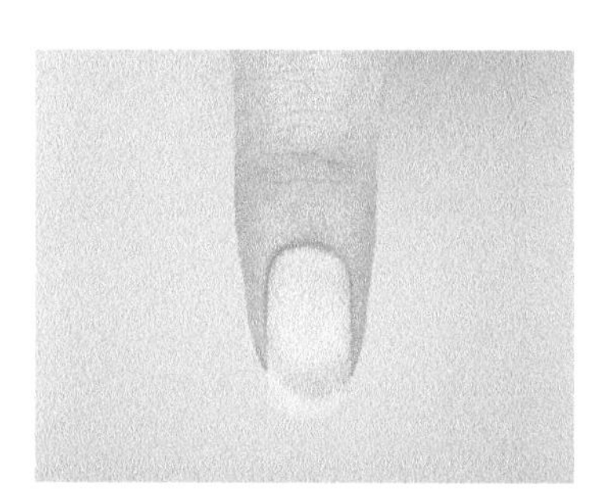

完成

第 2 章 接待礼仪

2.1 美甲师礼仪与专业意识
2.2 店面接待
2.3 接待流程
2.4 店铺服务记录

礼仪是一个人的思想水平、文化修养、交际能力的外在表现，包括仪容、举止、表情、服饰、谈吐、待人接物等。美甲是一项服务行业，只有掌握礼仪，提升客户的消费体验，才能更好地提高客户黏性。因此，每一位专业的美甲师必须学习接待客户的礼仪。

2.1 美甲师礼仪与专业意识

美甲师必须要透彻地理解保持专业形象的重要性，给客人的第一印象是非常重要的，身为美甲师，妆容衣着、谈吐举止，都需要时尚并且得体。

为顾客提供美甲服务时，因为中间只有一张美甲作业桌的距离，不仅要提供正确良好的美甲技术，还要有一颗具有服务精神的心。作为一名有专业意识的美甲师，要时常注意细节，提供高品质的服务。

美甲师不仅要有高超的美甲技术，还需具备令人信赖的人格特质。人格魅力会为你带来更多的潜在顾客，气质是你最好的名片。作为一个受顾客信赖的美甲师，应该具有以下的专业意识，从而为顾客提供亲切的服务。

2.1.1 个人形象

（1）保持个人卫生

美甲师需要与顾客近距离接触，务必要保持良好的个人卫生习惯。为顾客服务前后都要洗手消毒。常备个人卫生物品，如漱口水、止汗液等，保持口腔、腋下无异味。如果有使用香水的习惯，应注意味道不宜太过浓烈。

美甲师的手指和指甲要时刻注意保持美丽并干净整洁，一双有着美丽指甲的手会让顾客认为你更专业（图 2–1）。

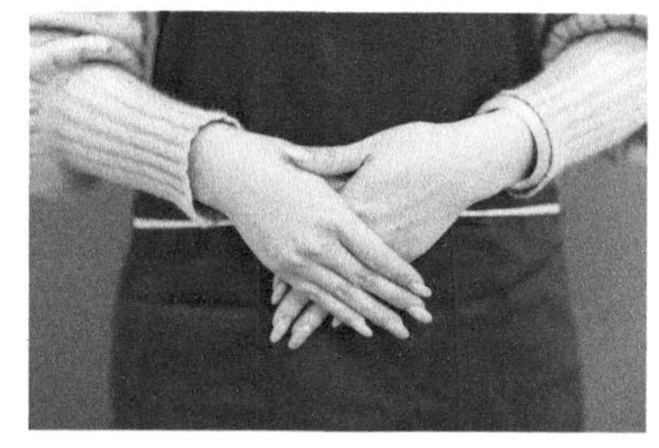

图 2–1 保持个人卫生

（2）恰当的衣着打扮

顾客更倾向于选择看上去紧跟潮流、穿着打扮时尚得体的美甲师，因此，美甲师的衣着打扮要体现出专业形象，符合美甲沙龙的整体风格，同时，美甲师的衣物一定要保持干净整洁。美甲师在服务顾客的时候，可以考虑选择与店铺风格一致的围裙，有条件的美甲店，也可以为美甲师统一定制围裙（图 2–2）。

图 2–2 适当的衣着打扮

美甲师还可以适当搭配一些饰品，但不宜过多过于复杂，不要在工作中发出声响。美甲师也需要适当化妆，妆容要干净利落，不宜过分夸张。

知识便签

Tips：仪表的确认要点

- 头发：是否保持整洁；
  发型是否便于工作；
  刘海是否会遮住眼睛。

- 鞋子：是否保持干净；
  鞋跟是否磨损；
  鞋型有没有变形；
  颜色或形式是否合适。

- 化妆：是否给人干净、健康的感觉；
  是否有脱妆；
  香水是否太浓烈；
  妆感是否太浓。

- 服装：是否适合美甲业；
  是否有脏污、泛黄或皱褶；
  肩膀上是否有头屑或掉落的毛发；
  是否穿戴了会影响美甲的醒目的饰品。

（3）良好的言行举止

美甲师在工作中展现出良好的言行举止，会体现出良好的专业素养（图 2–3）。美甲师应随时保持乐观积极的工作态度，与人交谈亲切沉稳，不宜大声谈笑。美甲师在工作中坐姿要端正，不要任意扭曲，不仅看起来有损专业形象，也会影响健康。

图 2–3 良好的言行举止

（4）操作规范

· 顾客到店 5 分钟内应备齐美甲产品及用具。

· 服务顾客前必须检查好工具和仪器，做好准备工作。

· 美甲师服务顾客时必须戴口罩并消毒双手。

· 操作必须严格按照流程规定及仪器等的使用规则。

· 美甲师服务顾客过程中要与顾客沟通，关注顾客的反应，并给出相应反馈（图 2–4）。

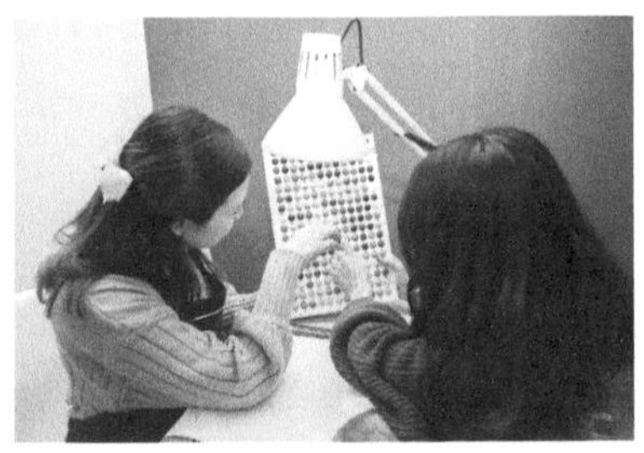

图 2–4 美甲师服务前与顾客沟通

·美甲师服务过程中不可随意离开工作现场，如遇特殊情况必须离开时应通知顾客并尽快回到现场，确保美甲工作的连续性。

·美甲过程中不可随意更换美甲师，要确保美甲操作的完整性。

·美甲师服务完毕必须及时整理操作现场，整理座位，清洁工具和仪器。

·美甲师技术及操作必须准确熟练，关注并询问顾客感受。

·美甲师进行每一步操作必须通知顾客，让顾客安心。

2.1.2 迎接客户的准备

美甲师在美甲店接待顾客时需要注意以下 6 个要点。

（1）店内的卫生条件

在顾客到达之前，要将接下来会使用的桌子清洁干净，并确实准备好需要的材料和工具。另外，要确认好工具是否已做完消毒，确认体态、仪表也很重要。

（2）预约管理

要核实满足顾客所需的服务内容，以及确保空出其相对应需要的时间。然后以不让顾客等待为原则，有计划地接受预约，对于有变更的预约，应对上也要保留一些弹性。

（3）作为美甲师的仪表

整洁干净的仪表和服装可以带给顾客信赖和安心的感觉，给人清爽的第一印象。对服务业来说，不适合浓妆和没有整洁感的长发。也要避免穿戴昂贵的装饰品和使用味道强烈的香水。要谨记“客户才是主角”的原则。

（4）注意表述用字

正确地掌握尊称，在和顾客保持良好关系的同时，可以多使用“您”，不仅是对顾客的尊重，更能加深与客户间的关系。

（5）沟通

进行服务的时候，站在顾客的立场着想是很重要的。美甲师可以一边操作，一边仔细解说操作内容及使用材料，提供一些客户喜欢的颜色和彩绘图案。

（6）笑容

笑容可以带给顾客亲切和安心的感觉。不要因为忙于作业只专注在工作上，记得要常面带笑容。

2.2 店面接待

2.2.1 礼貌用语

美甲师在店面接待顾客（图 2–5）时可以使用以下礼貌用语。

· 您好，欢迎光临。

· 对不起（麻烦您），请稍等。

· 对不起（很抱歉），让您久等了。

· 谢谢您，辛苦了。

· 再见，请慢走。

· 欢迎再次光临。

图 2–5 接待顾客

2.2.2 行为礼仪

美甲师在店面接待顾客时要注意做到以下行为礼仪。

· 顾客进店前台必须起立、问好并指引顾客就座（图 2–6），顾客离去必须起身相送至门口或电梯口（帮按电梯键）。

· 店内见到顾客或非本店工作人员要侧身让路并点头微笑问好。

· 店长进 VIP 或工作区时必须先敲门，美甲师必须热情介绍并表示尊重。

· 店内气氛要亲切并且不失专业。

· 与顾客保持适度的距离。

· 双手给顾客递送物品。

· 员工不得在店内大声喧哗和跑动，以免造成慌乱，破坏工作环境。

· 进入任何房间，是否开着门都必须敲门示意，得到允许才可进入。

· 店内所有的物品、工具及仪器均有固定的位置，使用后需放回原处，定期做清洁和保养。

图 2–6 指引就座

2.3 接待流程

2.3.1 新顾客

美甲师接待新顾客的一般流程如下。

顾客进门，热情开门让入→店长 / 助理一度咨询，了解顾客需求并引导→掌握顾客的需求及基本状况→热情介绍优秀美甲师→引导顾客进入内场，同时美甲师准备工作位→带顾客至美甲座位前，请顾客入座→为顾客端上饮用水或饮料→美甲师同顾客详细沟通诉求→美甲操作→

美甲师要善于与顾客沟通，调节气氛→美甲操作结束→与顾客沟通对美甲效果的满意程度→顾客整理妆容，稍做活动，简短休息→店长 / 助理再次咨询，了解顾客感受→引导顾客兴趣点，帮助顾客办理入会 / 包期 / 交费等手续→完毕，热情送顾客出门，并邀请再次光临→整理总结顾客资料（图 2–7）。

图 2–7 记录顾客资料

2.3.2 熟顾客

美甲师接待熟顾客的一般流程如下。

电话预约，安排接待时间及美甲师（图 2–8）→顾客进门，热情开门让入→店长 / 助理简单咨询顾客上次美甲后状况，提出建议引导顾客→美甲师引导顾客进入内场，准备工作位→带顾客至美甲座位前，请顾客入座→为顾客端上饮用水或饮料→美甲师与顾客详细沟通上次美甲后状况及本次诉求→美甲操作→根据顾客的情况，与顾客沟通其感兴趣的话题→操作结束，帮助适当松弛筋骨→请顾客稍作休息→店长/助理了解顾客感受，帮助顾客制订合理适度的定期美甲方案→热情送顾客出门，并邀请再次光临→整理总结顾客资料。

图 2–8 电话咨询

2.3.3 其他顾客

美甲师接待其他顾客的一般流程如下。

顾客进门→热情接待，询问可提供什么样的服务→了解来客目的做出相应处理或告之店长 / 助理出面→礼貌送客，可邀请顾客有时间预约体验服务（图 2–9）。

图 2–9 美甲师送顾客离店

2.4 店铺服务记录

身为一名专业的美甲师，应当对顾客指甲的健康负责。每个顾客的指甲状况都各有不同，除了为顾客完成心仪的美甲款式以外，叮嘱顾客美甲后的注意事项，帮助顾客进行正确的养护，让指甲一直保持健康的状态，也是美甲师的重要职责。

为了帮助顾客的指甲恢复到健康状态，美甲师需要提醒顾客美甲后 3 ~ 4 周，应再次到店进行卸甲与指部护理工作。对于指甲有损伤的顾客，美甲师可以为其定制个人的指甲健康管理档案（表 2–1），将顾客每次到店的时间、进行的美甲项目及指甲状态记录归档，鼓励顾客养成良好的美甲习惯。通过这些服务，顾客能够明显直观地感受到指甲状态的变化，也能更加放心地将双手托付给美甲师。

表 2-1　店铺服务记录表格

姓名	
居住地址	
联系电话	
邮箱	
生日	
职业	
未婚 / 已婚	未婚　　已婚
在哪里看到本店相关讯息	通过朋友 / 熟人（　　　　　）介绍 通过（　　　　　　　）平台
期望的甲型	

日期	项目	价格		款式
		¥		
美甲师		¥		
		¥		
所用产品		¥		备注
		¥		
	合计	¥		
日期	项目	价格		款式
		¥		
美甲师		¥		
		¥		
所用产品		¥		备注
		¥		
	合计	¥		

第 3 章
水晶甲

3.1 水晶延长的产品和工具
3.2 基本准备工作
3.3 水晶延长甲
3.4 水晶法式甲
3.5 修补损伤甲
3.6 修复水晶甲
3.7 水晶加强本甲
3.8 卸除水晶甲

水晶甲是众多美甲工艺中备受欢迎的一种，能够从视觉上改变手指形状，弥补手形不美的缺陷。水晶甲晶莹剔透、坚固耐磨，且可适应性强、不伤害皮肤，既不会影响工作和生活，还能修补残缺指甲、纠正甲形。

3.1 水晶延长的产品和工具

水晶延长的主要工具和材料如图 3-1 所示。

图 3-1 水晶延长的主要工具和材料

（1）水晶液

水晶液的成分是甲基丙烯酸酯的单体，有刺激性气味，如图 3-2 所示。

图 3-2 水晶液

（2）干燥剂（pH 平衡液）

干燥剂主要起到平衡酸碱度、消毒杀菌、干燥及黏合作用，注意干燥剂不可接触皮肤，如图 3-3 所示。

图 3-3 干燥剂

图 3–4 结合剂

（3）结合剂

结合剂主要起黏合作用，让水晶酯更好地与甲面结合，防止起翘、脱落，如图 3–4 所示。

图 3–5 水晶粉

（4）水晶粉

水晶粉的成分为二氧化硅，无味，与水晶液结合做成水晶甲。由于水晶粉颗粒极细，建议制作水晶甲时应佩戴口罩。水晶粉如图 3–5 所示。

图 3–6 水晶杯

（5）水晶杯

水晶杯用于盛放水晶液，如图 3–6 所示。

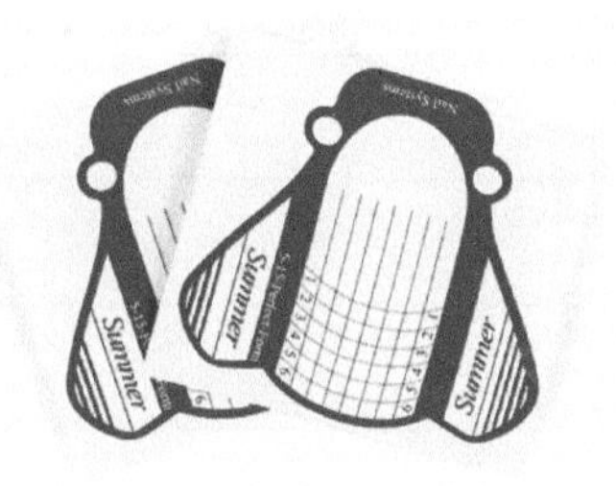

图 3–7 纸托

（6）纸托

纸托是延长、固定以及定型指甲时的辅助工具，如图 3–7 所示。

（7）水晶笔

水晶笔的笔头呈尖形，笔身长且毛量多，材质为貂毛，用于沾取水晶液来混合水晶粉，如图 3–8 所示。

图 3–8 水晶笔

（8）塑型棒

塑型棒用于调整水晶甲的 C 弧，如图 3–9 所示。

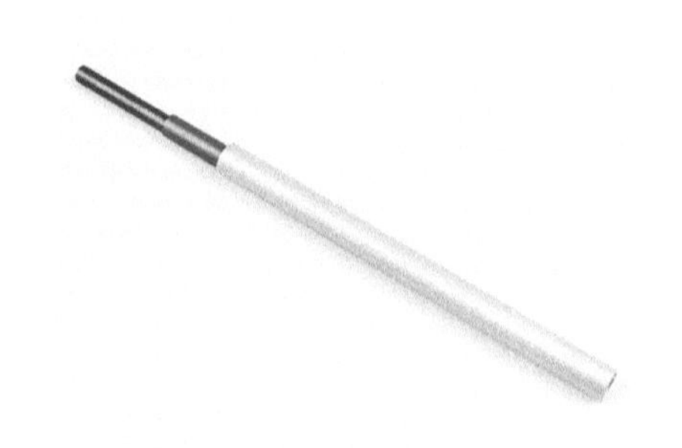

图 3–9 塑型棒

知识便签

3.2 基本准备工作

3.2.1 工具和材料

砂条、粉尘刷、75 度酒精、纸托、干燥剂、结合剂。

3.2.2 标准流程

1 用砂条竖向刻磨甲面至整个甲面不光滑

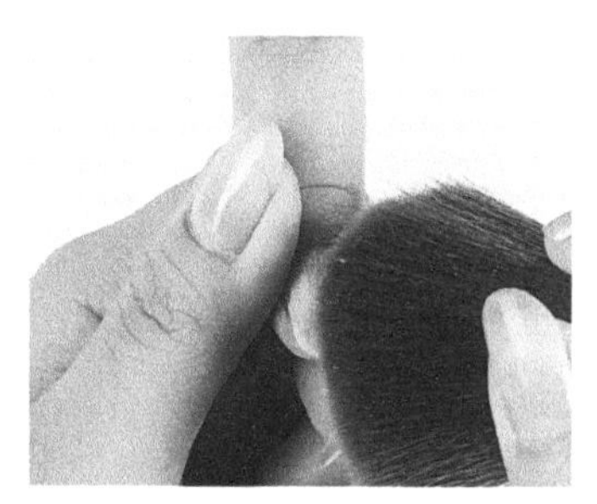

2 用粉尘刷扫除多余粉屑

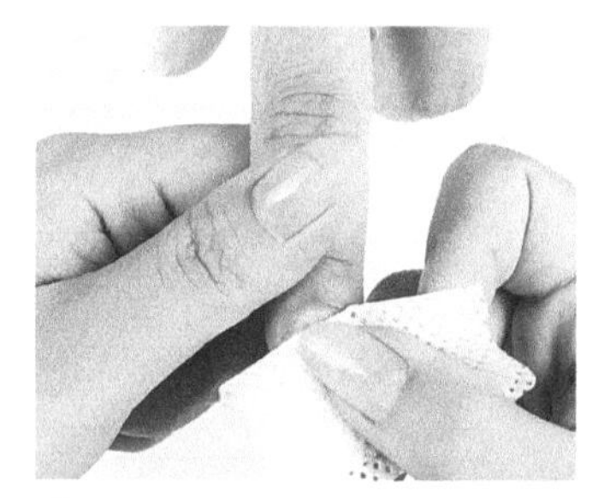

3 用 75 度酒精清洁甲面

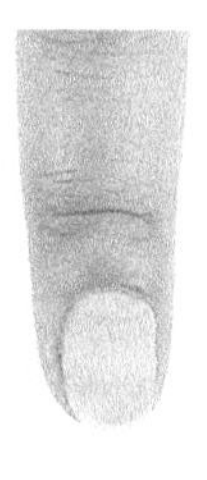

4 有明显纵向痕迹，注意指甲后缘及两侧要刻磨到位

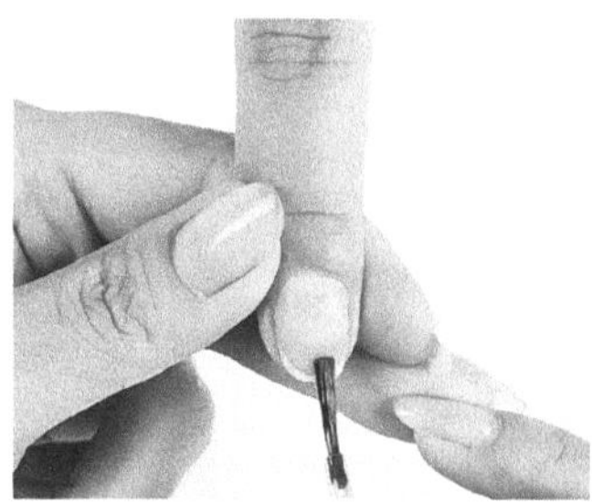

5 一般情况下只需涂一遍干燥剂，如果甲面油脂分泌较多则需要上第二遍，以确保甲面是干燥的状态

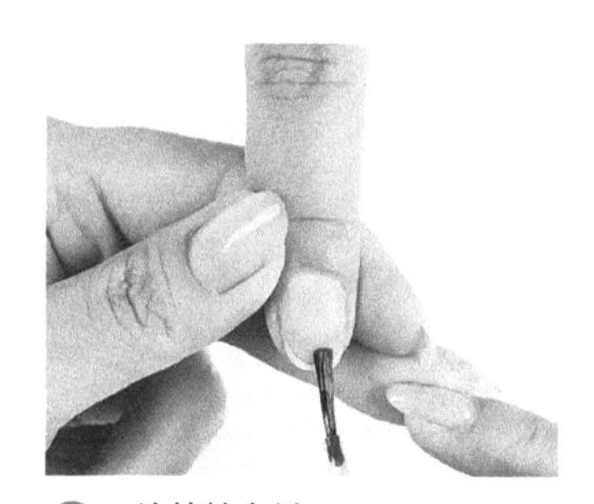

6 涂抹结合剂

Tips:

- 不能让干燥剂触碰到皮肤，因为有可能会造成皮肤红肿、起泡、灼痛或瘙痒。如果皮肤不慎接触到干燥剂，应立即用水冲洗 15 分钟，再用中性肥皂清洗。
- 要根据顾客的指甲状况选用不同的砂条进行刻磨，如果顾客指甲有损伤的情况，刻磨的力度应相对减轻。

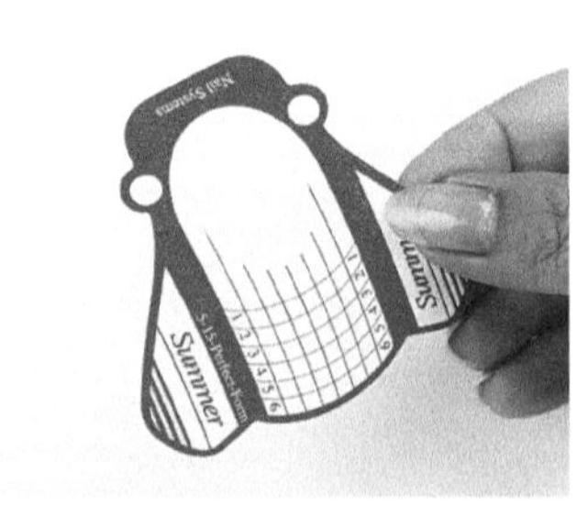

6 取出纸托

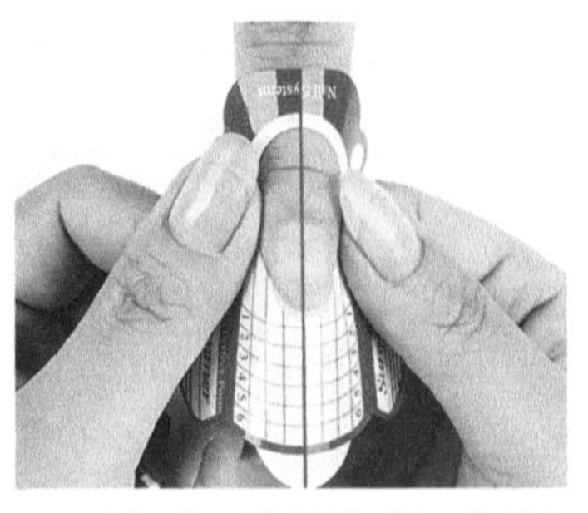

7 用两指压弯纸托两端，将其卡在指甲前缘下端，注意中线对齐，放正。按住指尖处，对准两边，将纸托后部贴好

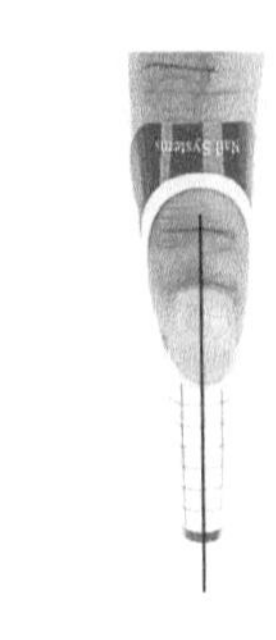

完成，注意中心线与手指中心对齐

侧面观察，纸托与甲面处于同一水平线上

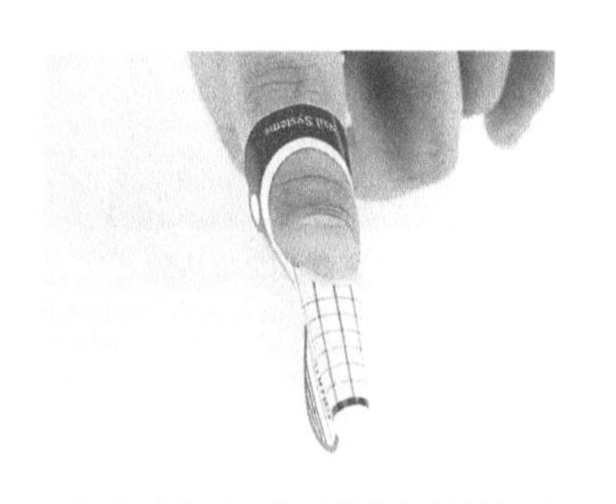

纸托紧贴指甲，指甲前缘与纸托间不能有缝隙

Tips：纸托的不同用法

① 指节过大

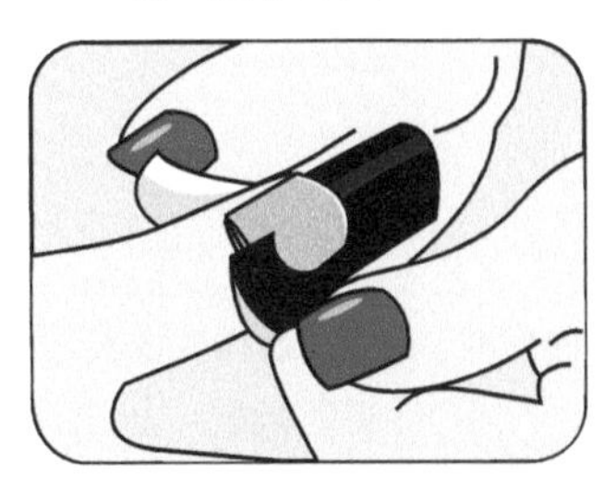

要将纸托后端撕开，并将两侧压紧在手指两侧。

② 指甲过宽

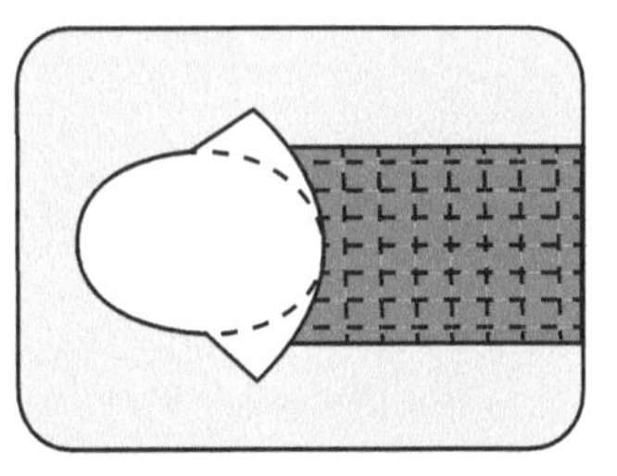

纸托无法勾住指甲前缘时，可用小剪刀将纸托板贴合甲缘处的两边剪出两个角。

③ 指芯外露

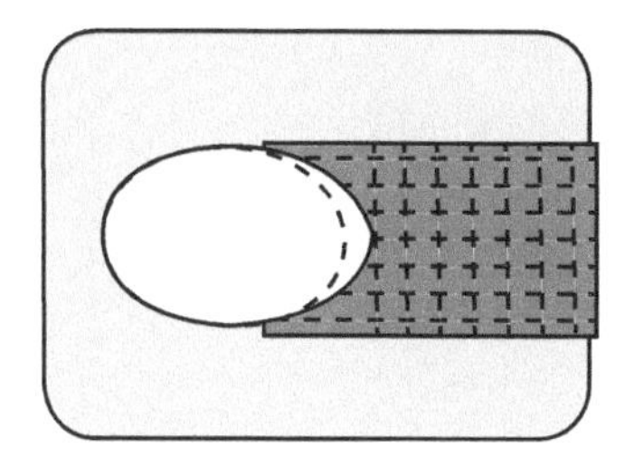

纸托无法固定，可按照突出形状剪成与甲缘对应的弧形。

④ 没有指甲前缘，或甲形较平

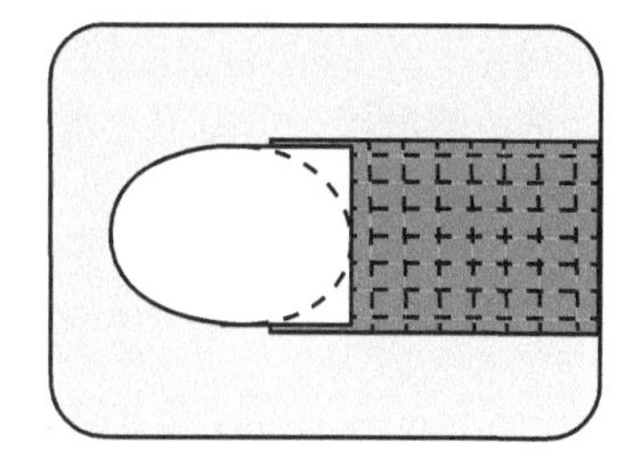

可以沿纸托内缘剪出矩形。

知识便签

3.3 水晶延长甲

制作水晶延长甲需要的工具和材料有：75度酒精、95度酒精、砂条、海绵锉、粉尘刷、纸托、干燥剂、结合剂、塑型棒、水晶笔、水晶杯、水晶液、透明色水晶粉、封层。

水晶延长甲的制作步骤如下。

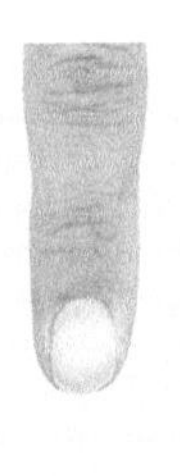

1 刻磨整甲并用75度酒精清洁甲面

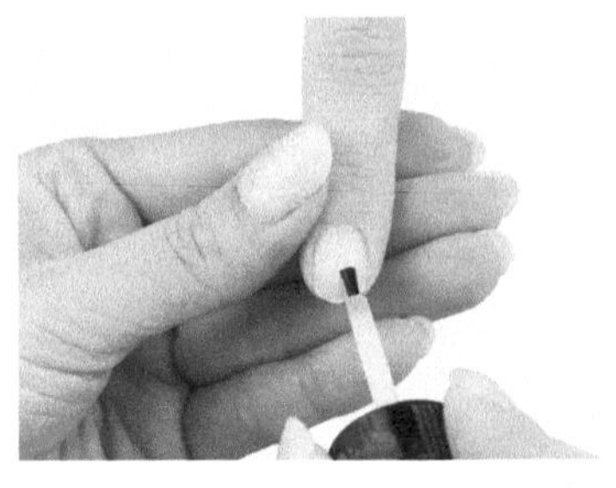

2 涂抹干燥剂，注意切勿让干燥剂接触皮肤

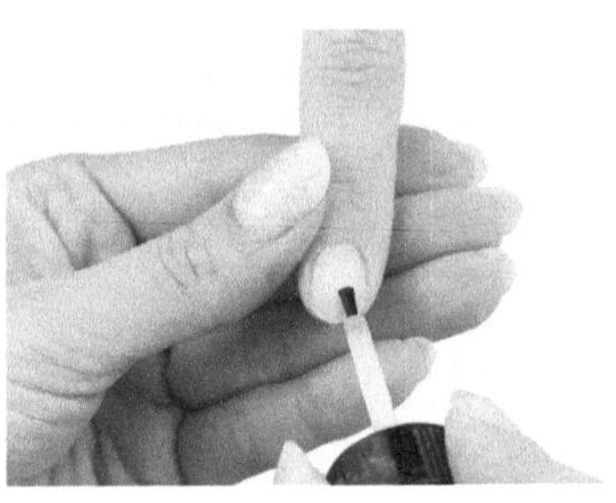

3 涂抹结合剂

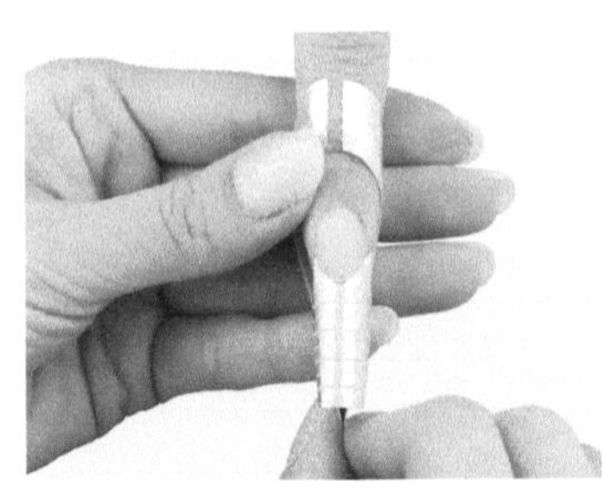

4 固定纸托板，注意中心线要与手指中心对齐，指甲前缘与纸托间不能有缝隙

5 用沾满水晶液的水晶笔沾取适量透明色水晶粉，形成水晶酯

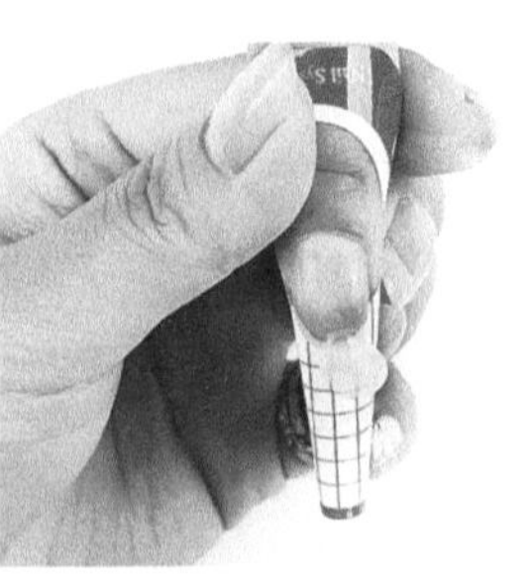

6 将水晶酯放置在结合处，往前缘轻拍做出甲床延长

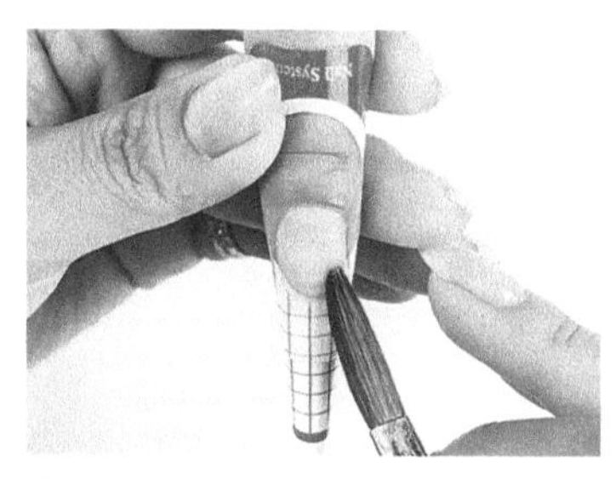

7 轻拍出甲形，调整弧度

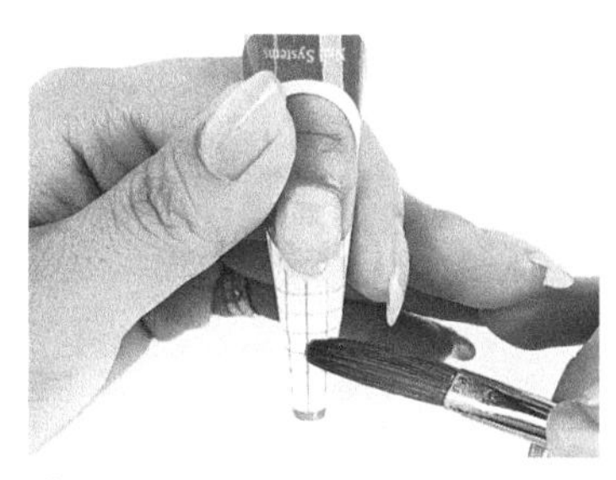

8 等待水晶酯晾干

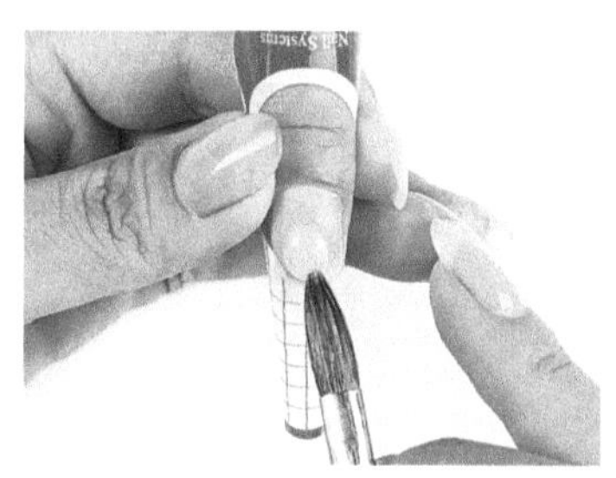

9 用沾满水晶液的水晶笔沾取适量的透明水晶粉，形成水晶酯并放置在甲面中部，轻拍出整甲甲形

10-1

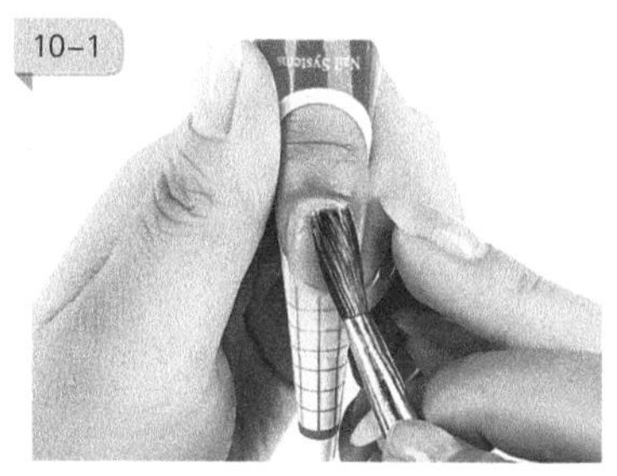

10-2

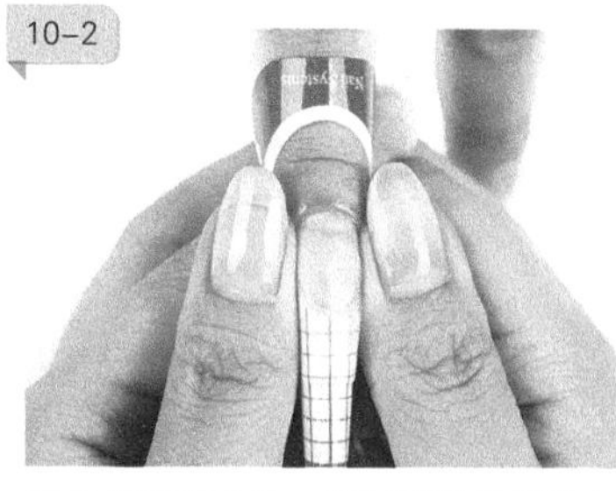

10 再取少量水晶酯放置在甲面后缘1毫米处，用笔向前缘方向轻拍，使指甲表面尽量光滑平整，并制作出自然弧度

带水晶甲半干后，用双手拇指侧按在A、B两点处，均匀用力向中间挤压，使指甲形成自然C弧拱度

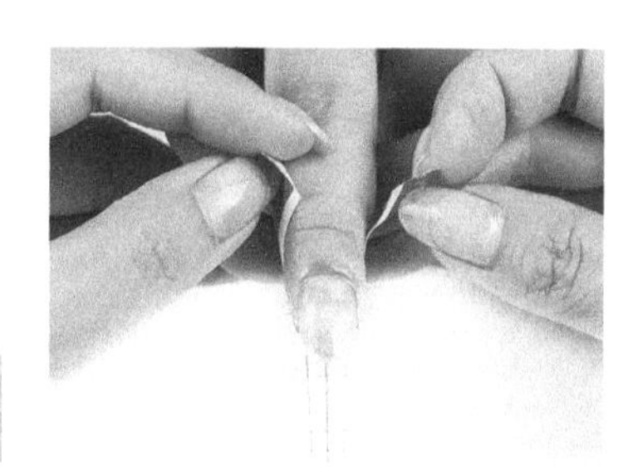

11 撕开纸托后缘，然后捏住纸托向下取出

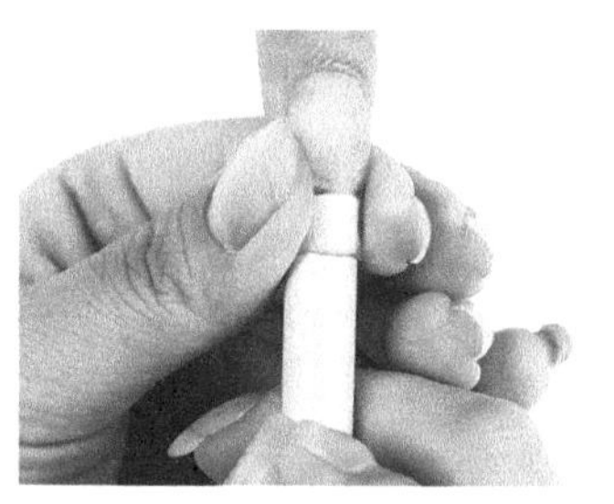

12 根据甲面宽度选择合适的塑型棒，将其卡在指甲前缘下端并固定，用手指按住微笑线两侧，均匀用力向内捏，借助塑型棒的弧形来塑造指甲的自然弧度

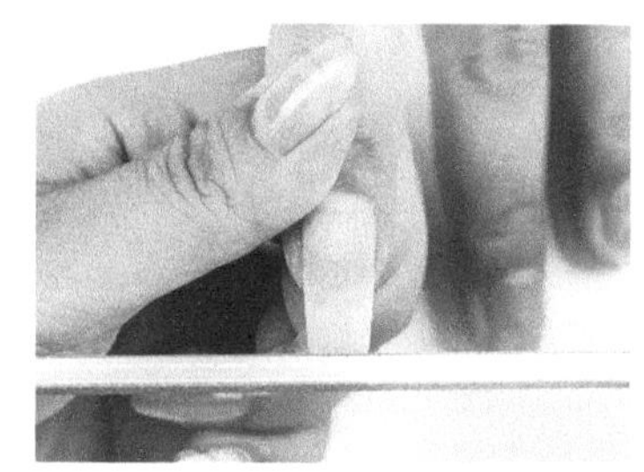

13 待水晶甲完全干透后，用砂条修磨甲形，注意指甲前端要横向修磨成直线

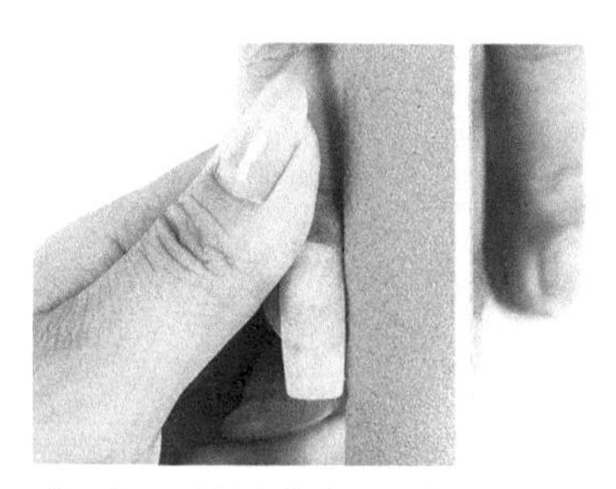

14 两侧应修磨至平行且侧面多余部分修磨至与本甲在同一直线上

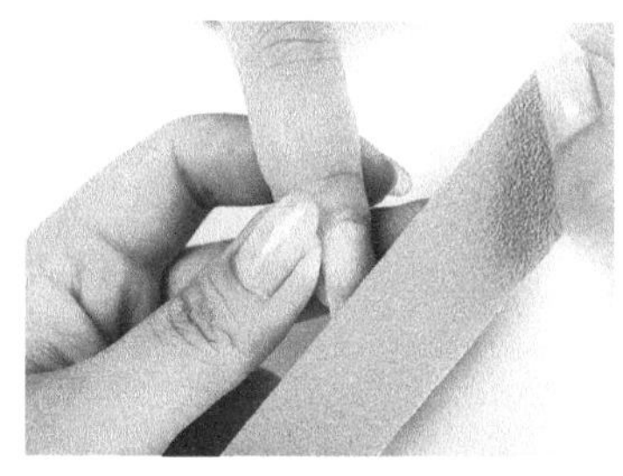

15 用砂条打磨甲面，使甲面平整达到适宜的弧度、厚度

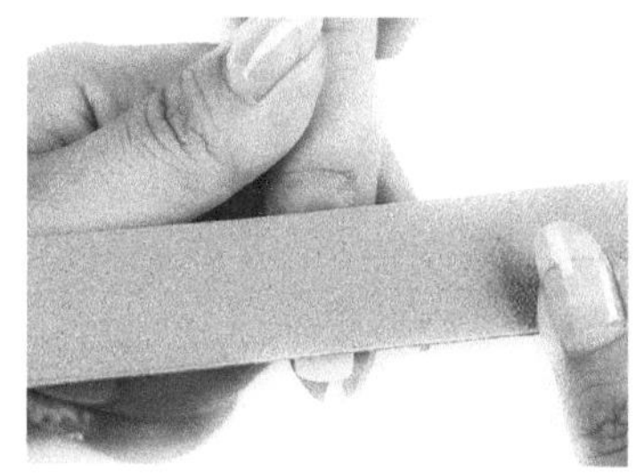

16 打磨甲面后端时砂条横向倾斜，将甲面打磨至与本甲平行。打磨完整个甲面应呈现自然饱满的弧度

17-1

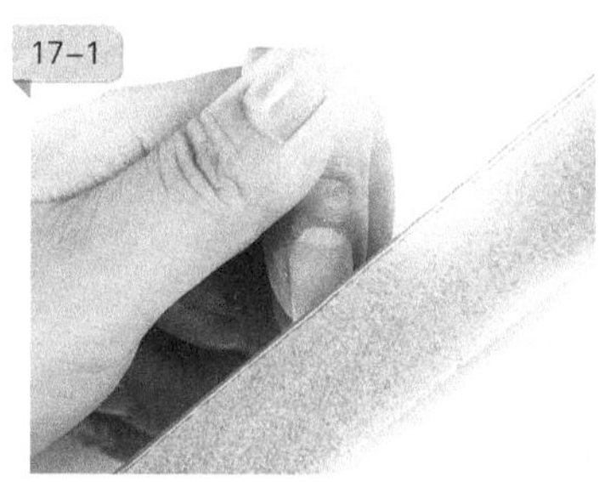

17 用海绵锉抛磨甲面与两侧

17-2

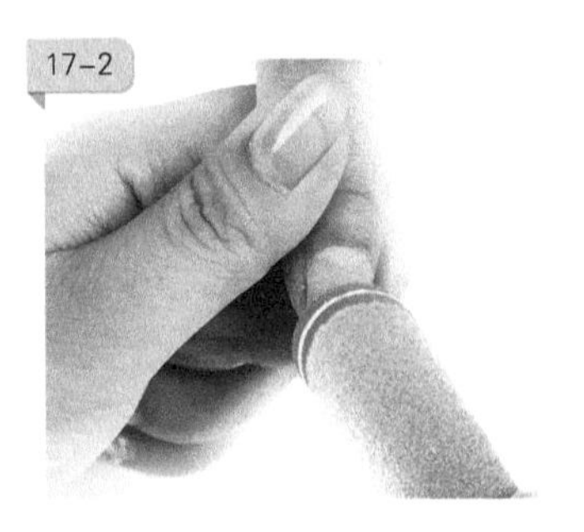

18 用粉尘刷扫除多余粉屑

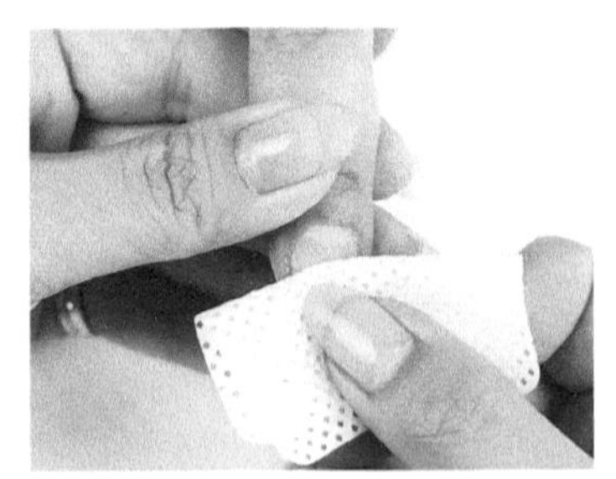

19 再用 75 度酒精清洁甲面

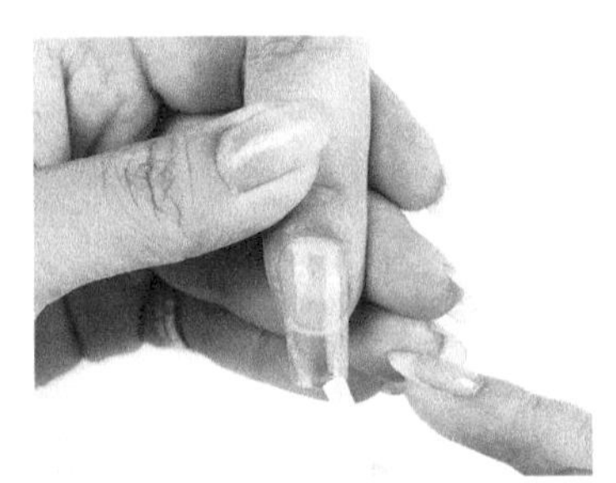

20 涂抹封层，照灯固化 90 秒

21 如果涂抹的是擦洗封层，需用 95 度酒精清洁甲面浮胶

完成，两侧甲缘平行

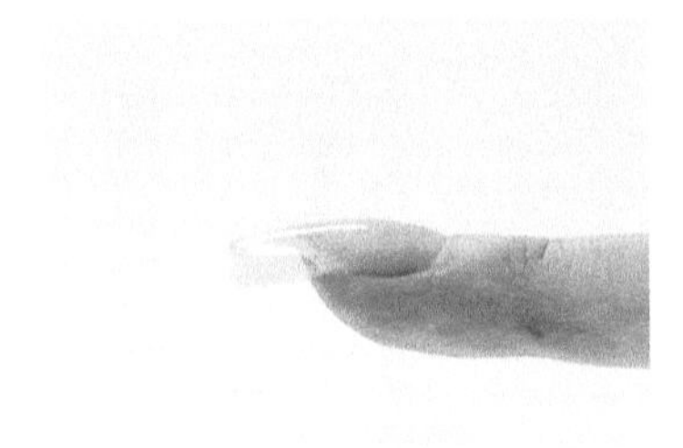

甲面弧度平滑、饱满

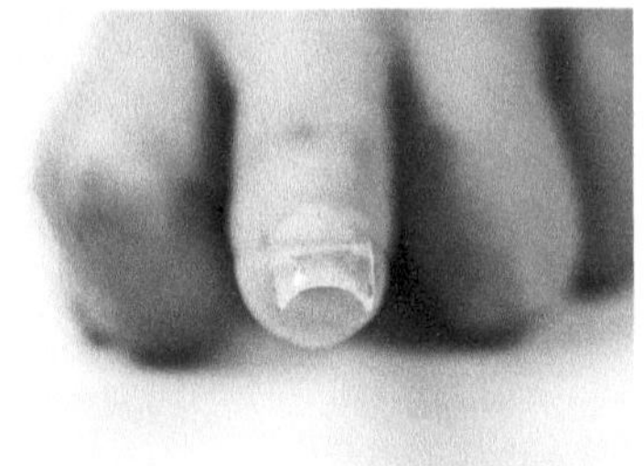

指尖弧度饱满，两边对称，甲面厚度适中

知识便签

3.4 水晶法式甲

制作水晶法式甲需要的工具和材料有：75 度酒精、95 度酒精、砂条、海绵锉、抛光条、粉尘刷、纸托、干燥剂、结合剂、塑型棒、水晶笔、水晶杯、水晶液、透明色水晶粉、白色水晶粉、封层。

水晶法式甲的制作步骤如下。

1　刻磨整甲并用 75 度酒精清洁甲面

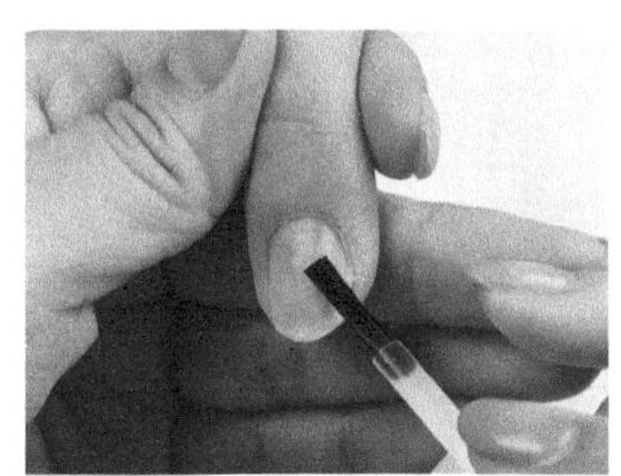

2　涂抹干燥剂，注意切勿让干燥剂接触皮肤

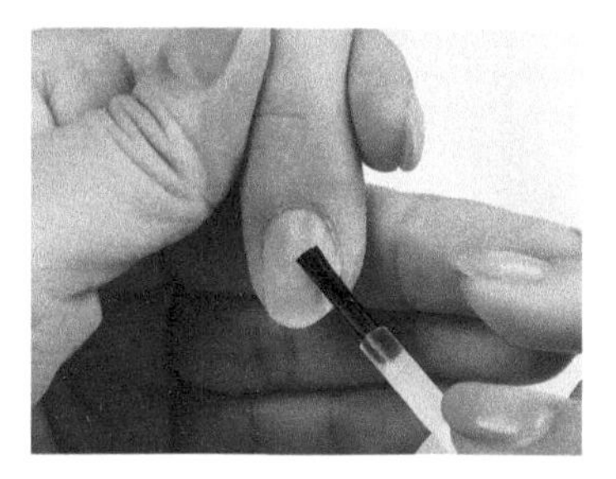

3　涂抹结合剂

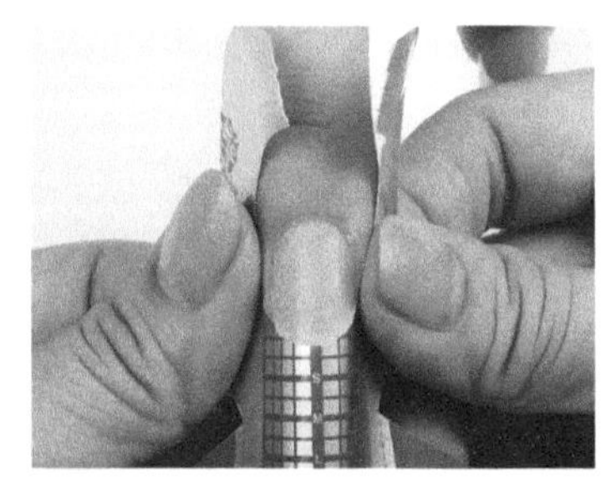

4　固定纸托板，注意中心线要与手指中心对齐，指甲前缘与纸托间不能有缝隙

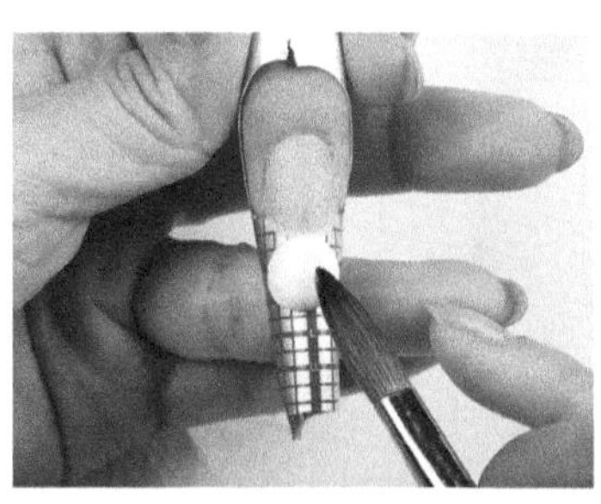

5　用沾满水晶液的水晶笔沾取适量白色水晶粉形成水晶酯放置在甲面前端，轻拍做出法式部分

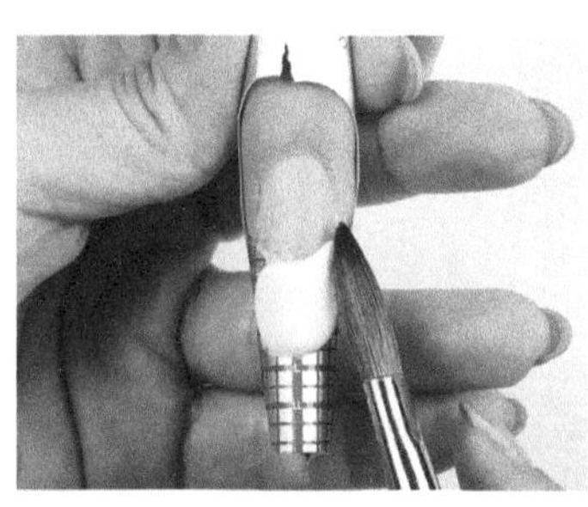

6　调整法式微笑线弧度

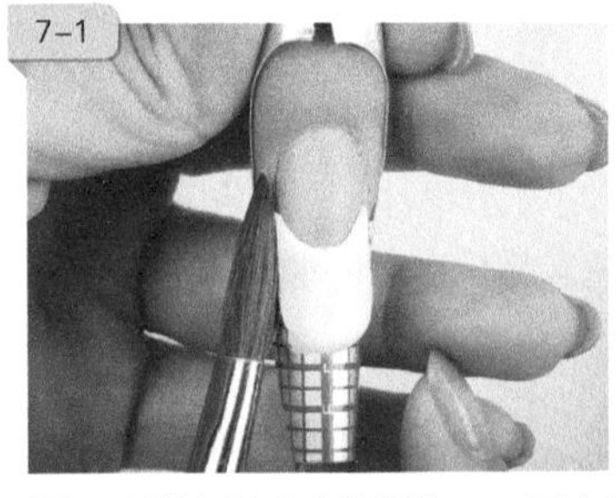

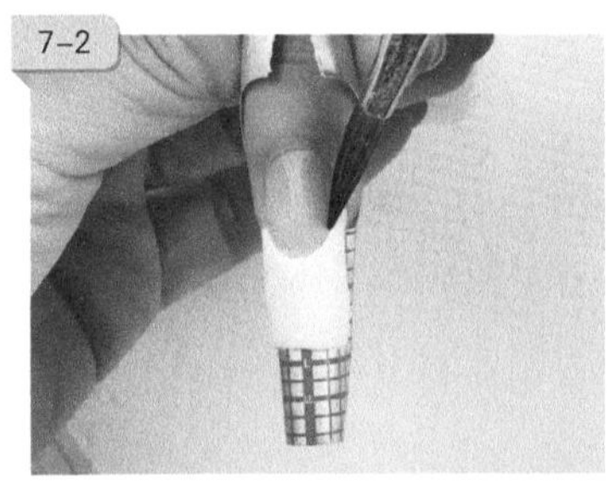

7 用笔调整法式微笑线 A、B 两点的高度，注意微笑线要圆润自然

8-1

8 调整两侧与前端的甲形，保持两侧平行，前端呈一水平线

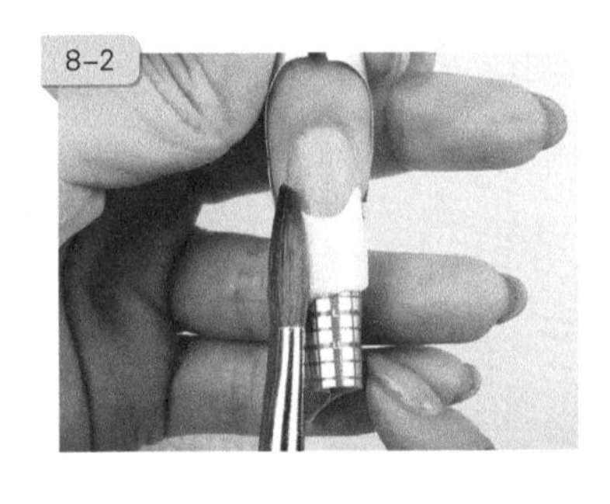

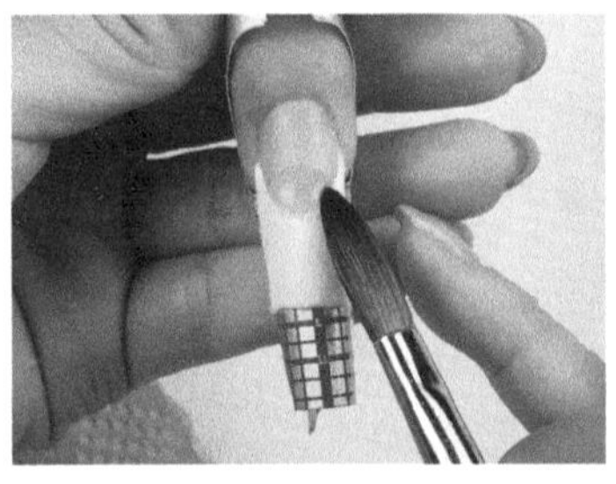

9 用沾满水晶液的水晶笔沾取适量透明色水晶粉，形成水晶酯放置在结合处

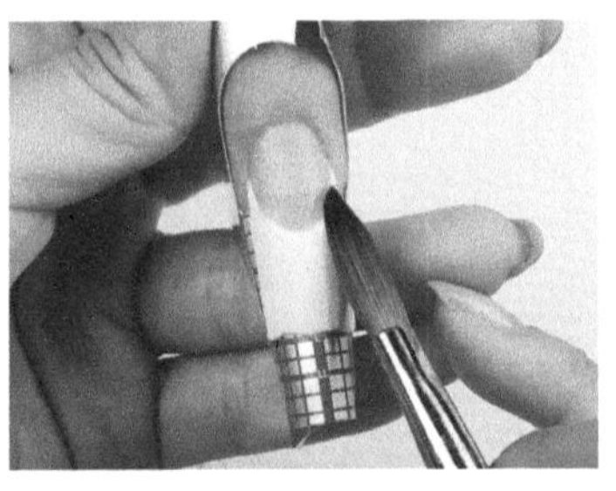

10 用水晶笔向前缘轻拍出甲形，使甲面尽量光滑平整，并制作出弧度

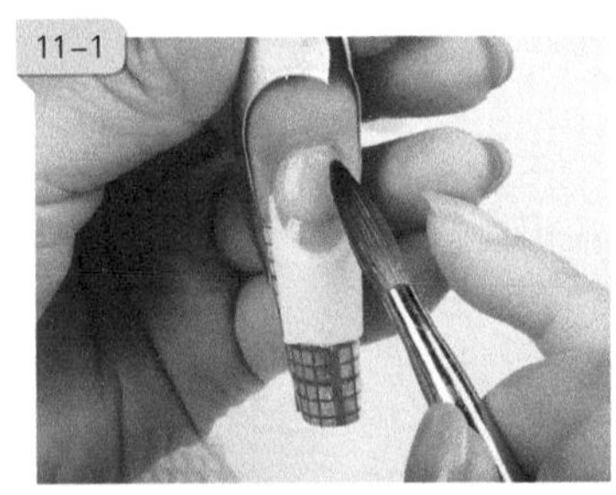

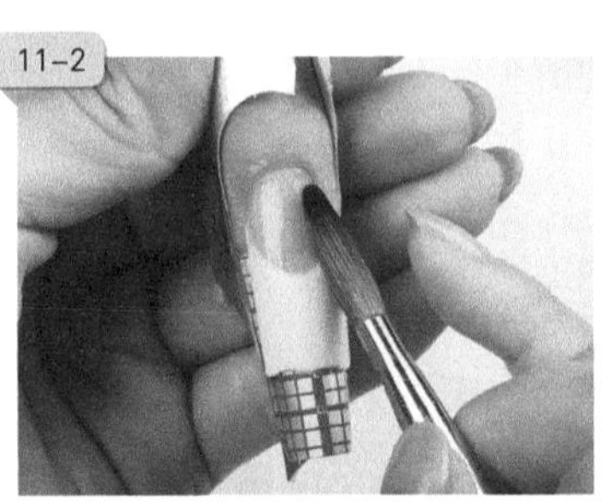

11 再取少量水晶酯放置在甲面后缘 1 毫米处，用笔向前缘方向轻拍，使指甲表面尽量光滑平整，并制作出自然弧度

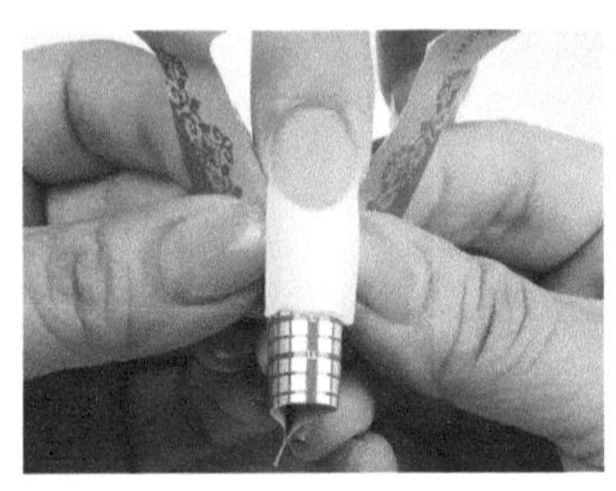

12 待水晶法式甲半干后，取下纸托

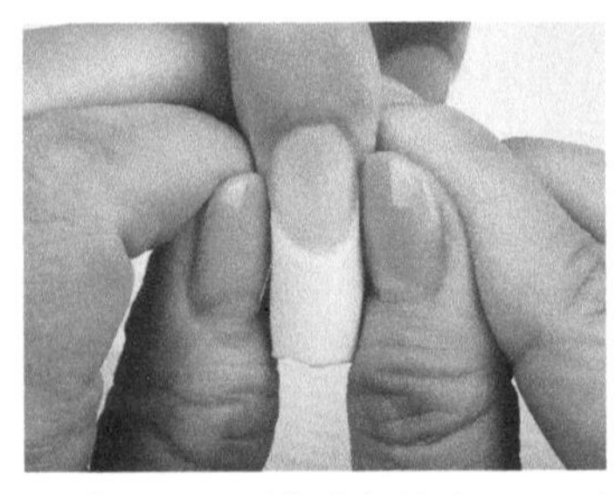

13 用双手拇指侧按在 A、B 两点，均匀用力向中间挤压，使指甲形成自然 C 弧拱度

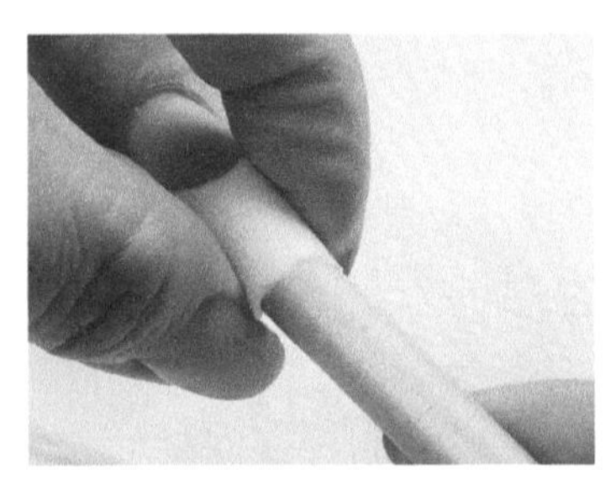

14 用塑型棒进行再次定型

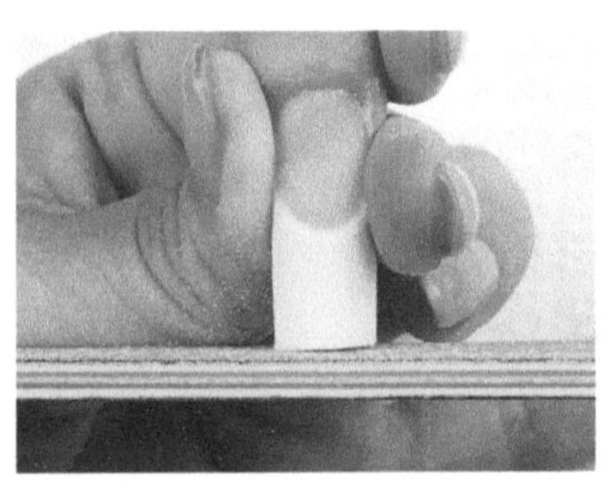

15 待水晶法式甲完全干透后，用砂条修磨甲形，注意指甲前端用砂条横向修磨成直线

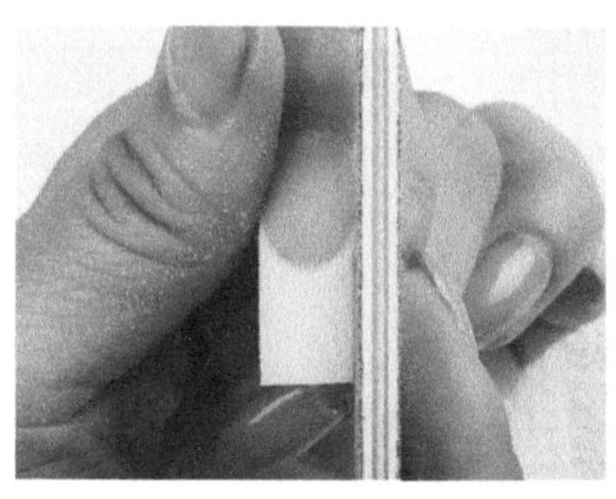

16 两侧应修磨至平行

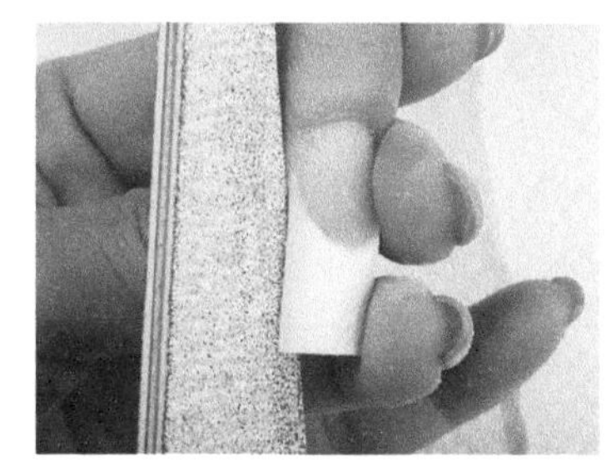

17 将侧面多余部分修磨至与本甲在同一直线上

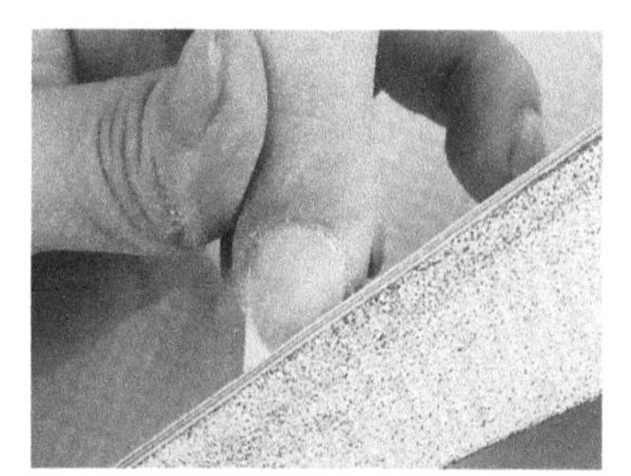

18 用砂条打磨甲面，使甲面平整并达到适宜的弧度、厚度

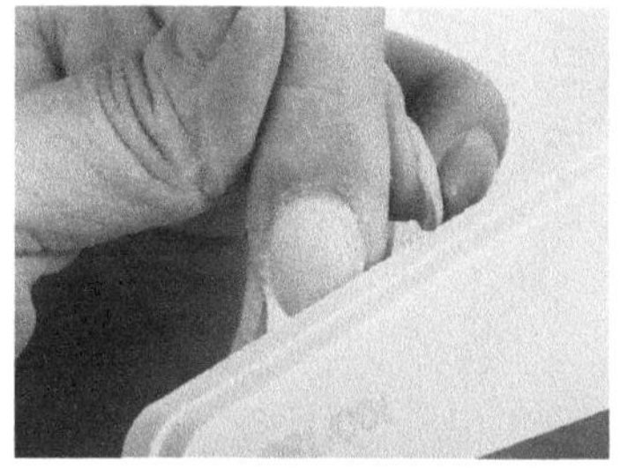

19 用海绵锉打磨甲面，使甲面平整光滑

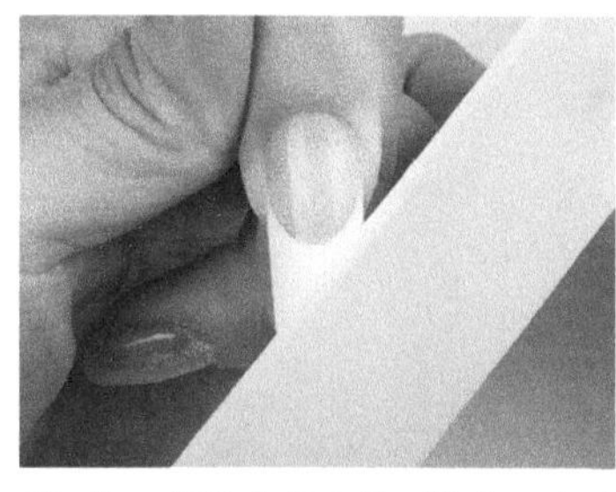

20 用抛光条为甲面抛光，也可以直接上封层照灯固化

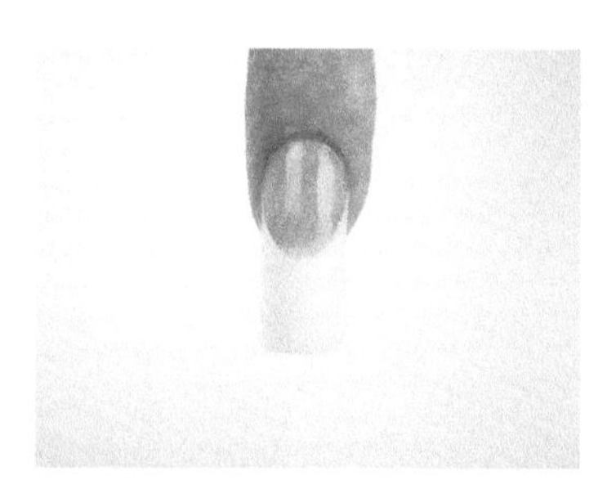

完成，两侧甲缘平行

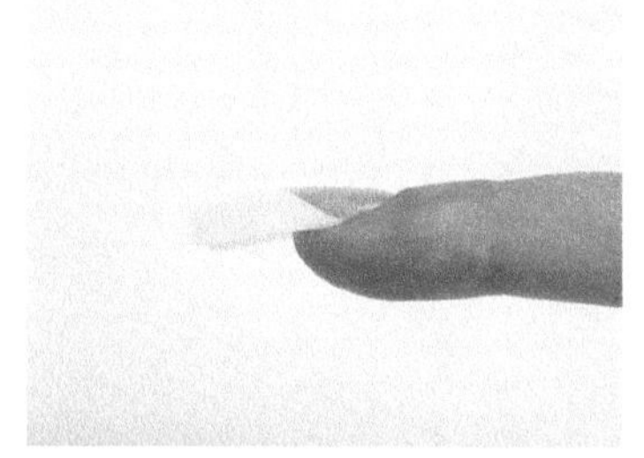

甲面弧度平滑，饱满

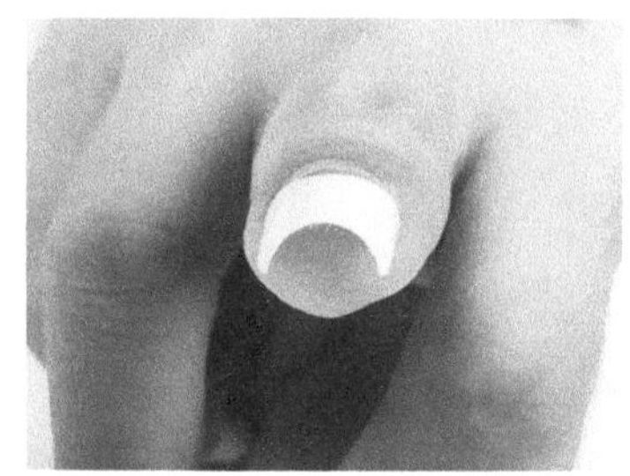

指尖弧度饱满，两边对称，甲面厚度适中

知识便签

3.5 修补损伤甲

修补损伤甲需要的工具和材料有：75 度酒精、95 度酒精、砂条、海绵锉、粉尘刷、贴片胶水、干燥剂、结合剂、水晶笔、水晶杯、水晶液、透明色水晶粉、免洗封层。

修补损伤甲的步骤如下。

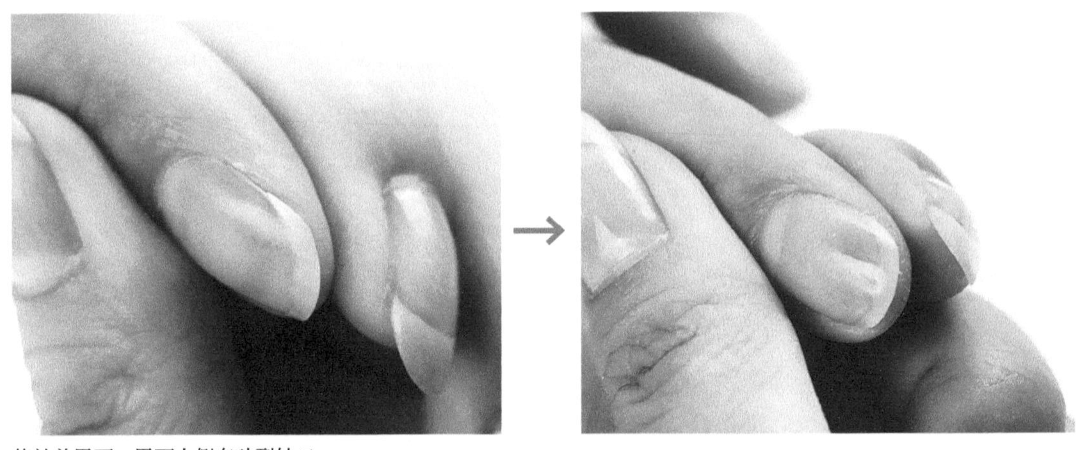

修补前甲面，甲面右侧有破裂缺口

1 用砂条刻磨整个甲面至不光滑

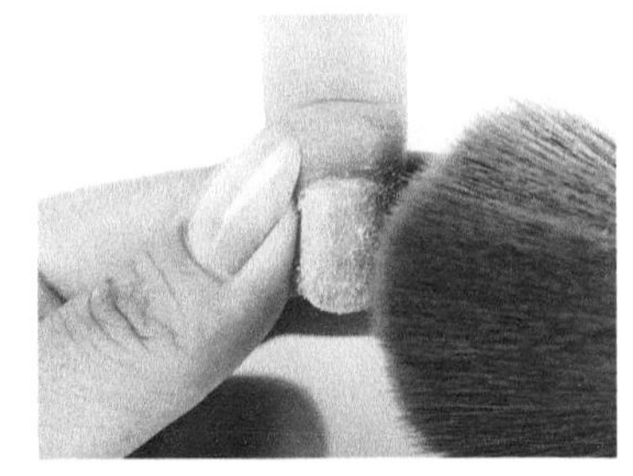

2 用粉尘刷扫除多余粉屑

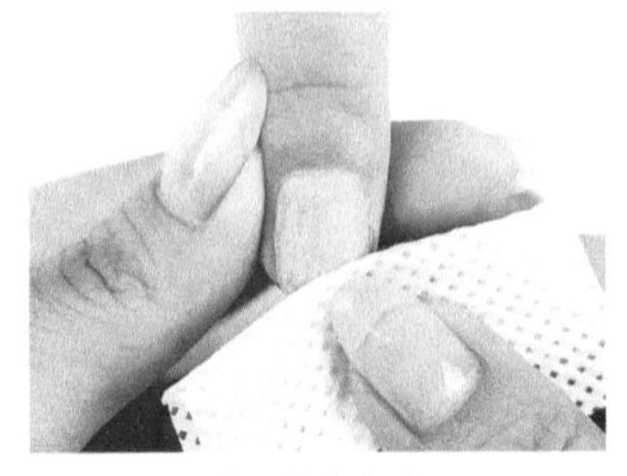

3 用 75 度酒精清洁甲面

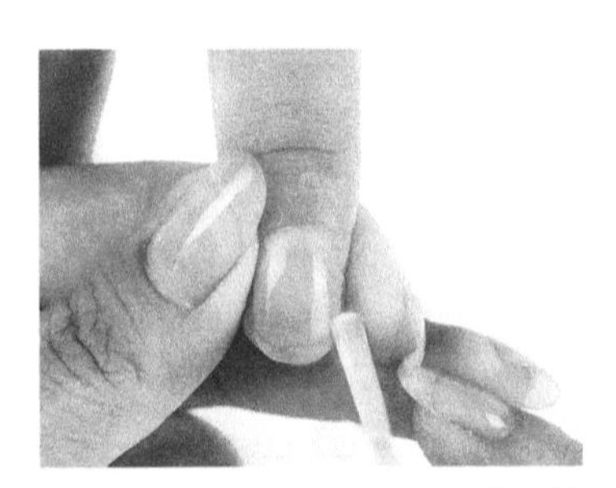

4 黏合缺口，在甲面缺口处涂抹美甲专用贴片胶水，使胶水渗透到缺口里，等待自然干透

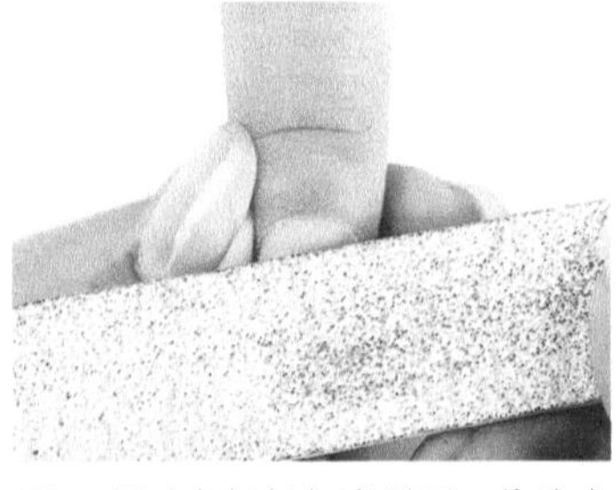

5 用砂条轻轻打磨甲面，将胶水黏合处打磨平滑

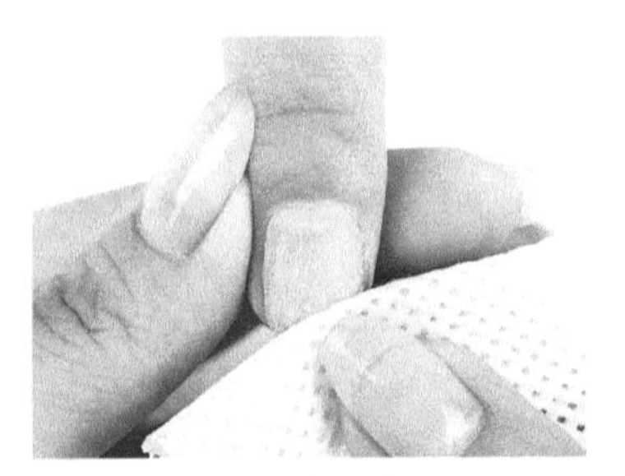

6 再用 75 度酒精清洁甲面

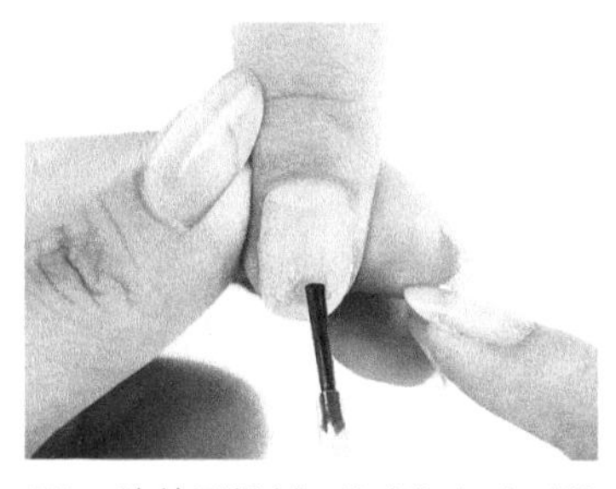

7　涂抹干燥剂，注意切勿让干燥剂接触皮肤

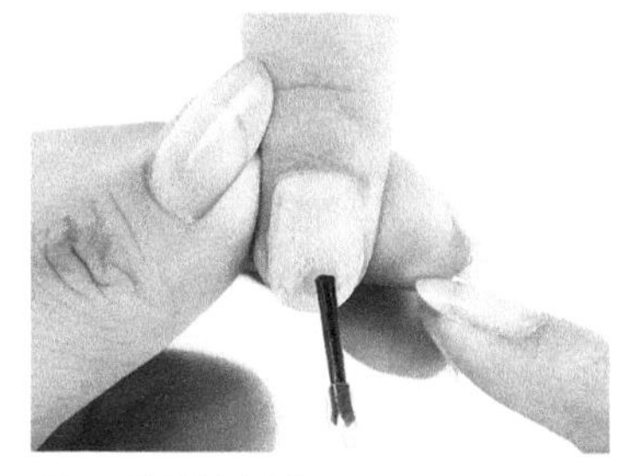

8　涂抹结合剂

9　用沾满水晶液的水晶笔沾取适量透明色水晶粉，形成水晶酯放置在甲面中部，并用笔向前缘方向轻拍

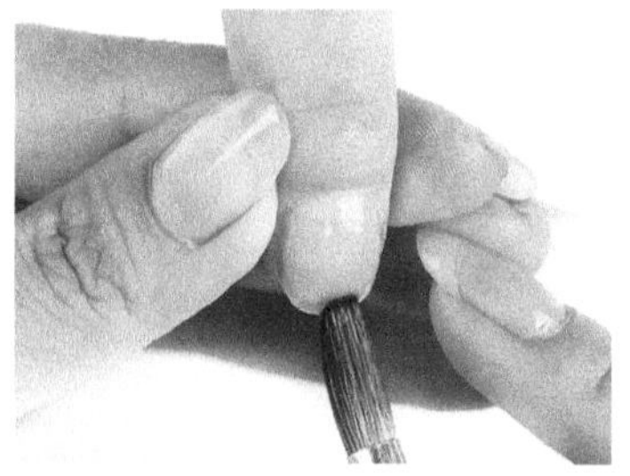

10　再取少量水晶酯放置在甲面后缘 1 毫米处，用笔向前缘方向轻拍，使指甲表面尽量光滑平整，并制作出自然弧度

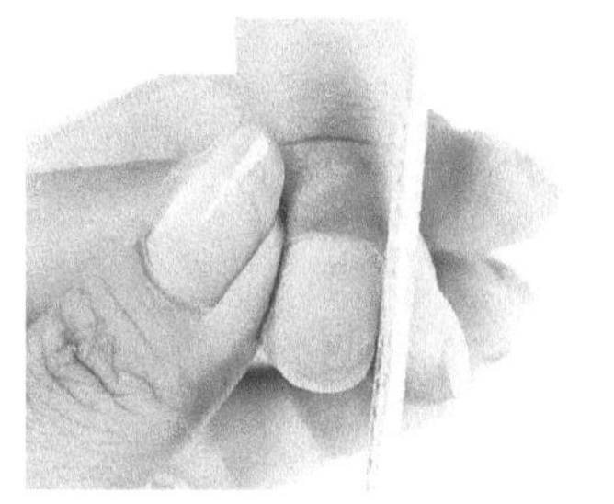

11　待水晶甲完全干透后，用砂条修磨甲形，注意指甲前端要横向修磨成直线

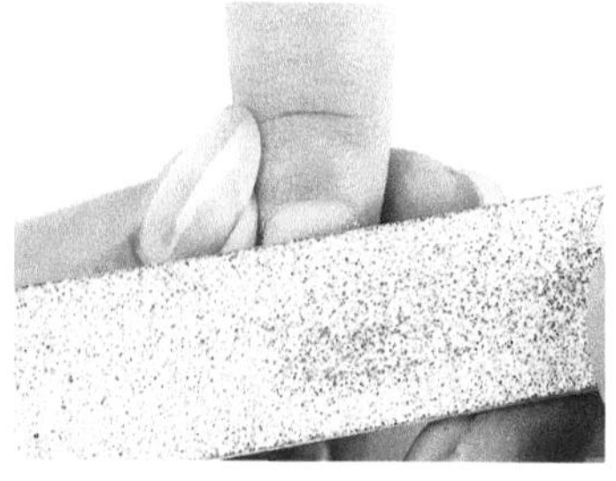

12　用砂条打磨甲面，使甲面平整并达到适宜的弧度、厚度

13–1

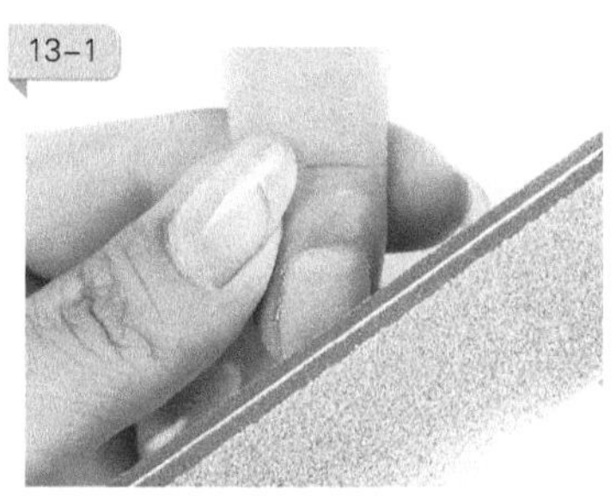

13–2

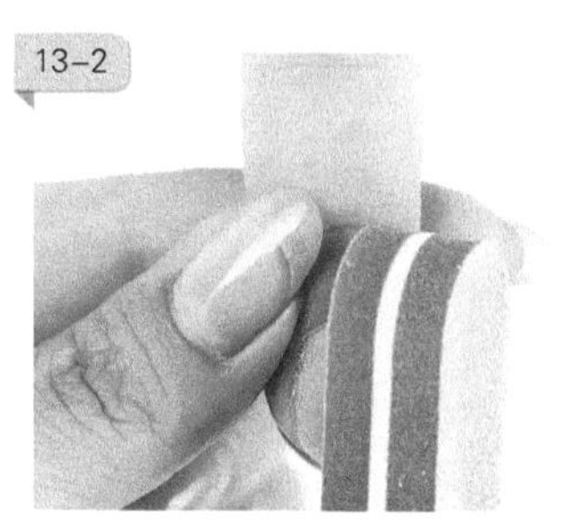

13　用海绵锉抛磨甲面与两侧

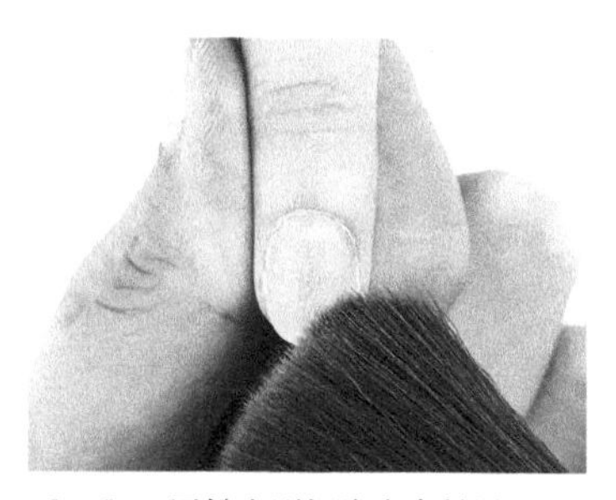

14　用粉尘刷扫除多余粉屑

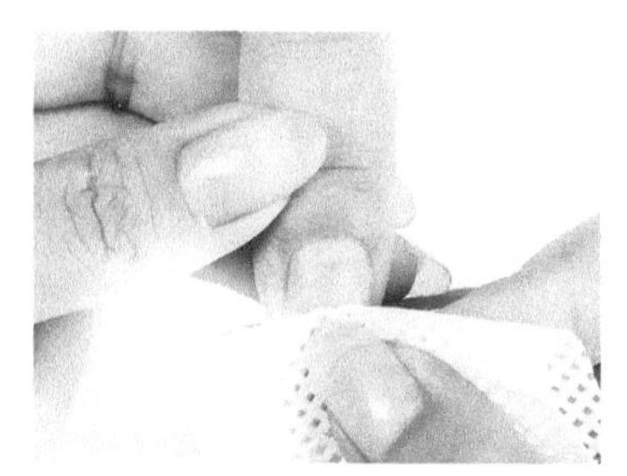

15　用 75 度酒精清洁甲面

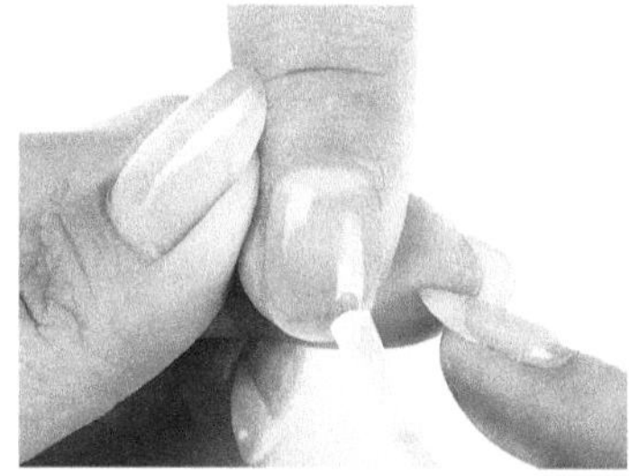

16　涂抹免洗封层，照灯固化 90 秒

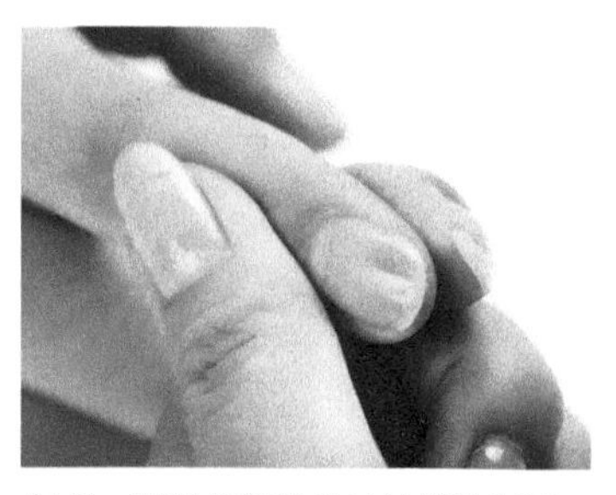

完成，甲面右侧的缺口处修补完好，甲面光滑平整

3.6 修复水晶甲

修复水晶甲需要的工具和材料有：75 度酒精、95 度酒精、砂条、海绵锉、抛光条、打磨机、粉尘刷、干燥剂、结合剂、水晶笔、水晶杯、水晶液、透明色水晶粉、白色水晶粉、封层。

修复水晶甲的步骤如下。

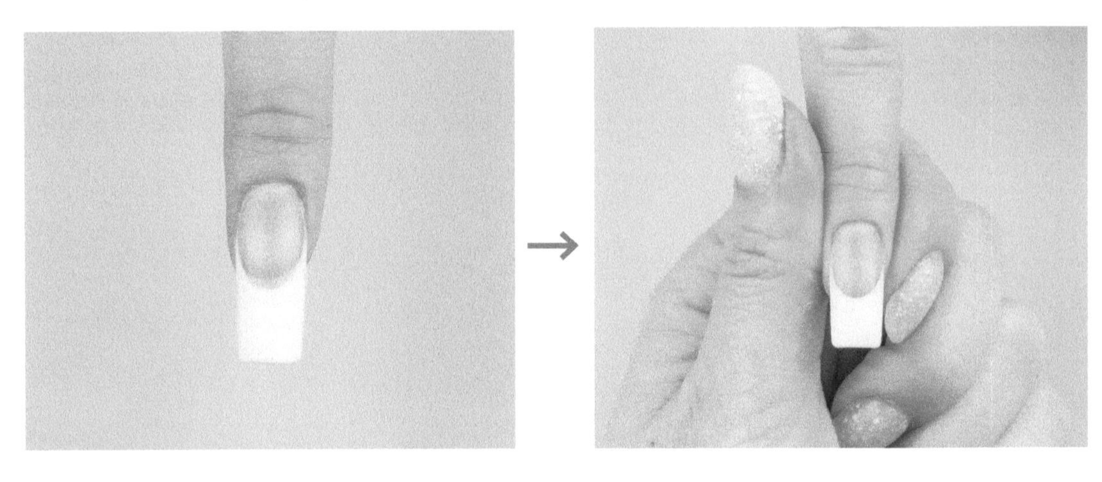

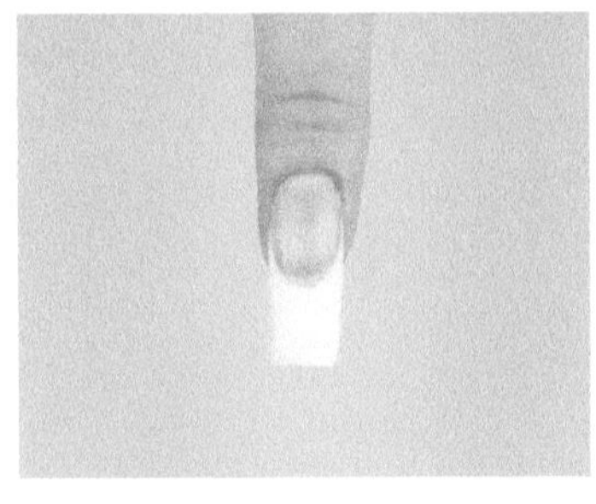

1 指甲已经长出一定长度，甲面后缘有起翘状况且能看到游离缘，前缘过长

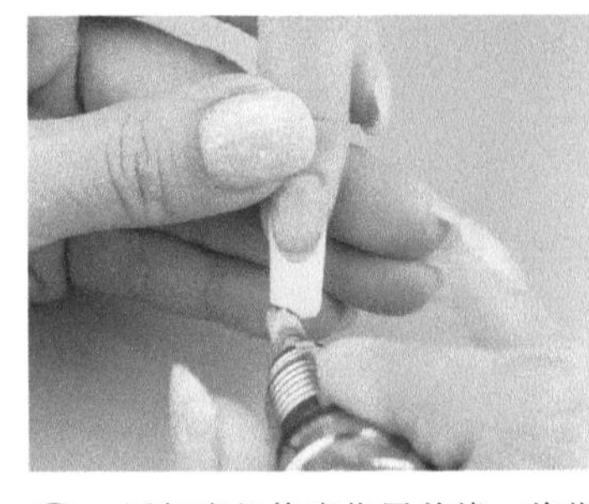

2 用打磨机修磨指甲前缘，将指甲修磨到理想长度

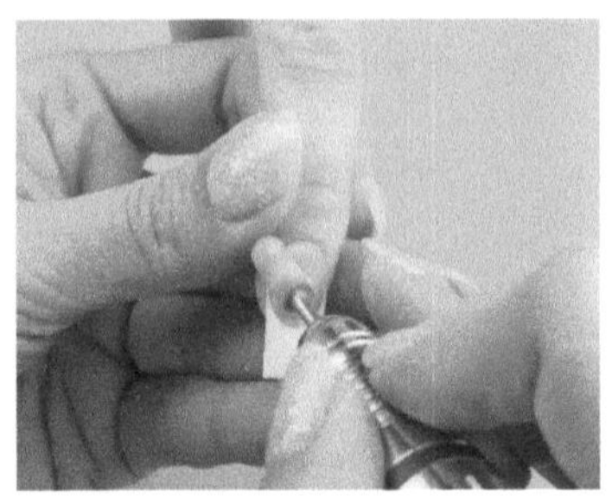

3 用打磨机轻轻打磨甲面后缘起翘部分

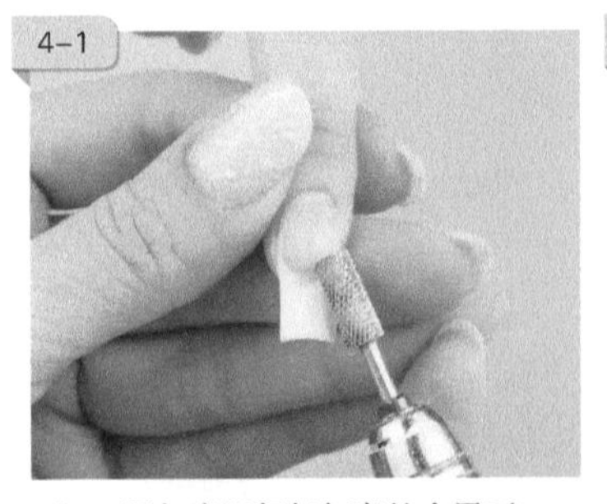

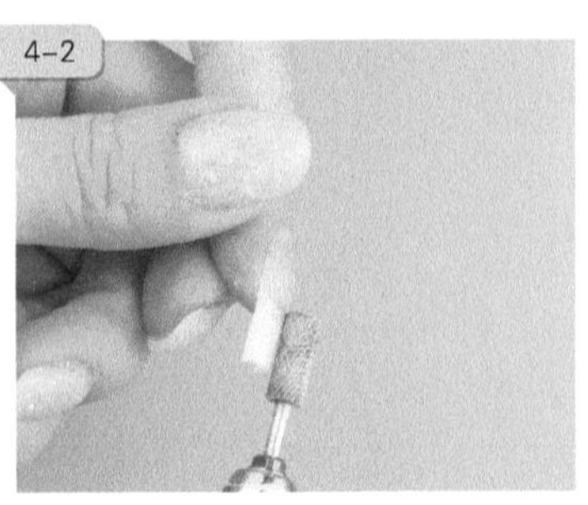

4 用打磨机轻轻打磨整个甲面

5 用死皮推圆头一端将甲面后缘的指皮往上轻推

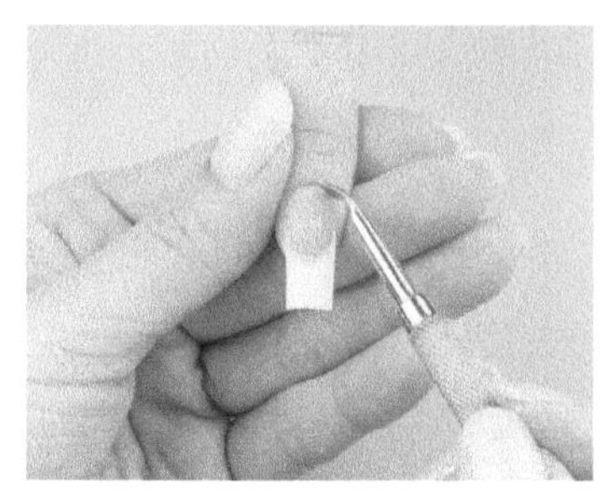

6 用死皮推的尖头一端将甲面后缘起翘的水晶甲去除

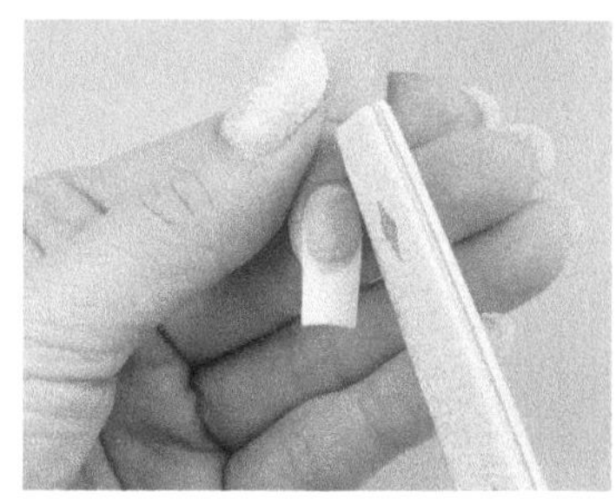

7 用砂条打磨整甲使甲面平整

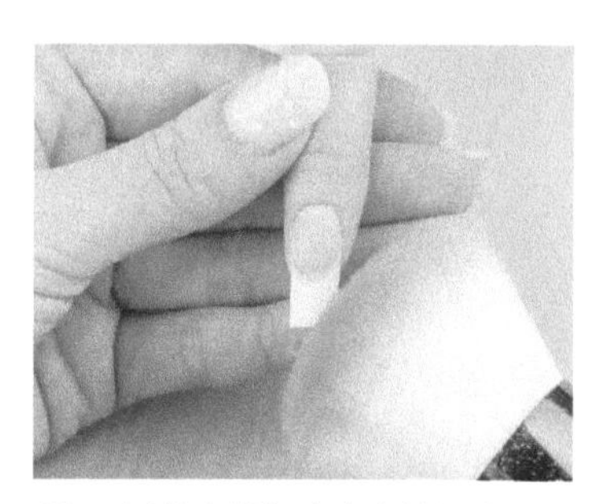

8 用粉尘刷扫除多余粉屑并用75度酒精清洁甲面

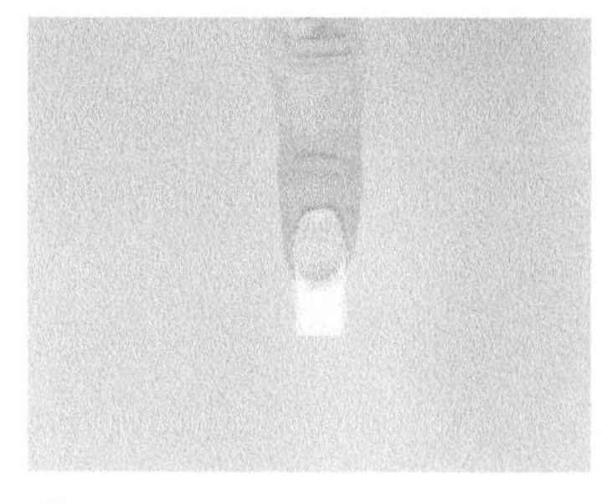

9 除去起翘部分，打磨清洁后的效果

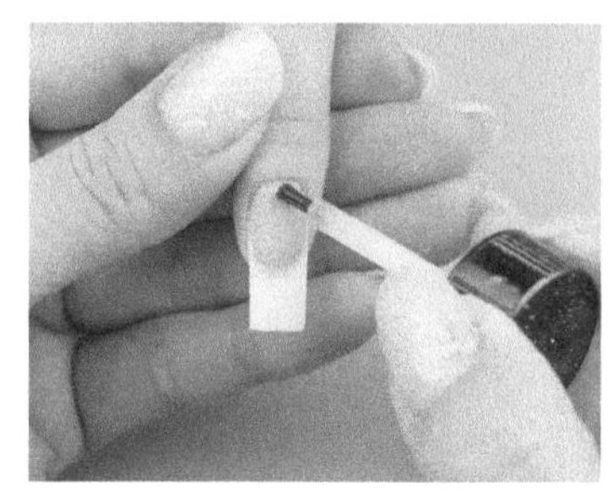

10 涂抹干燥剂，注意干燥剂切勿接触皮肤

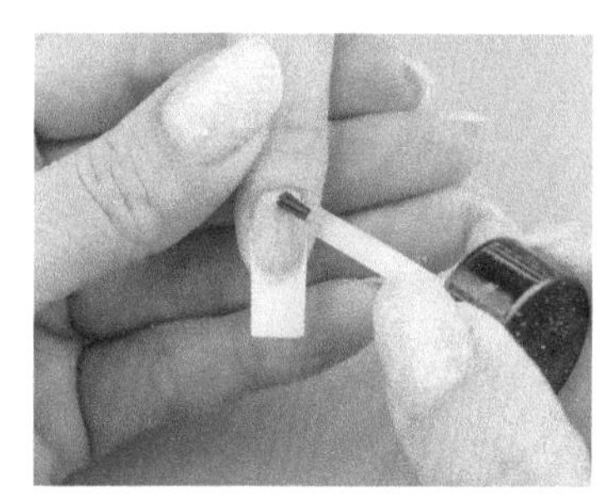

11 涂抹结合剂

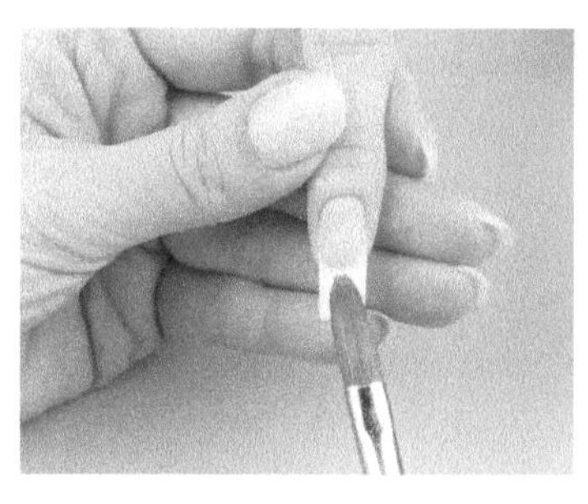

12 用沾满水晶液的水晶笔沾取适量的白色水晶粉，形成水晶酯放置在甲面前端

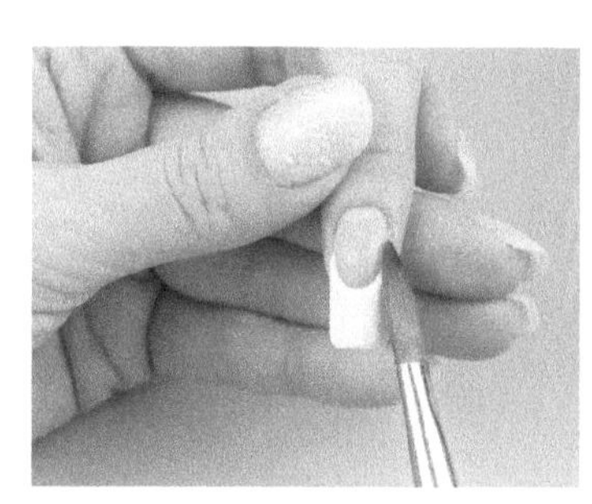

13 用水晶笔轻拍白色水晶酯，调整法式形状与厚度，并做出微笑线

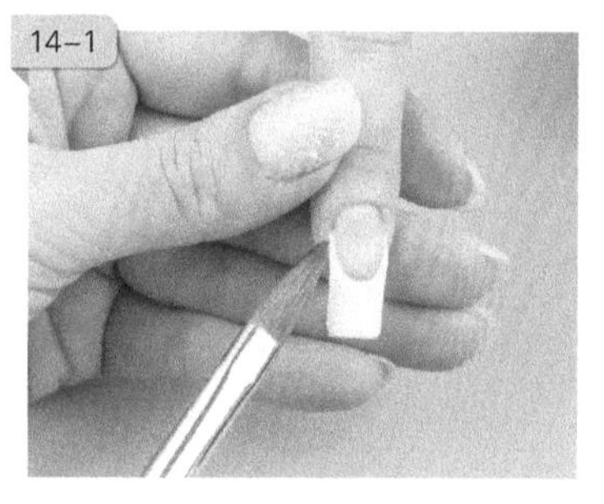

14 调整法式微笑线两侧A、B点的高度，注意法式线的弧度要圆润、自然

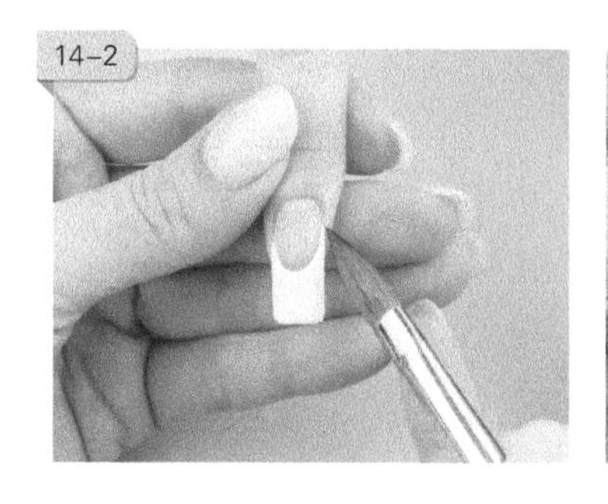

15 再用沾满水晶液的水晶笔沾取适量透明色水晶粉，形成水晶酯放置在结合处

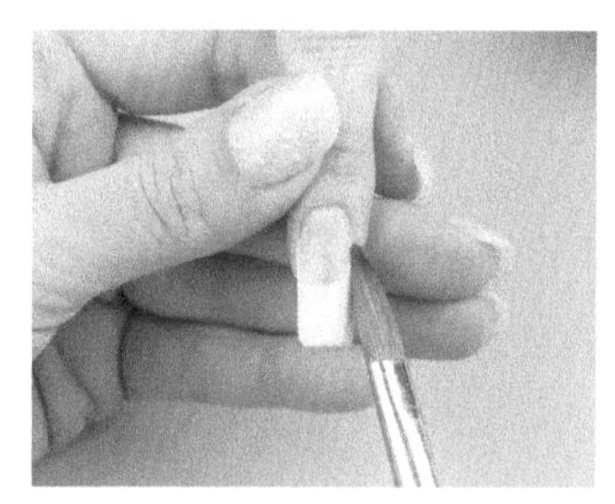

16 用笔身轻拍，调整厚度使甲面平滑自然

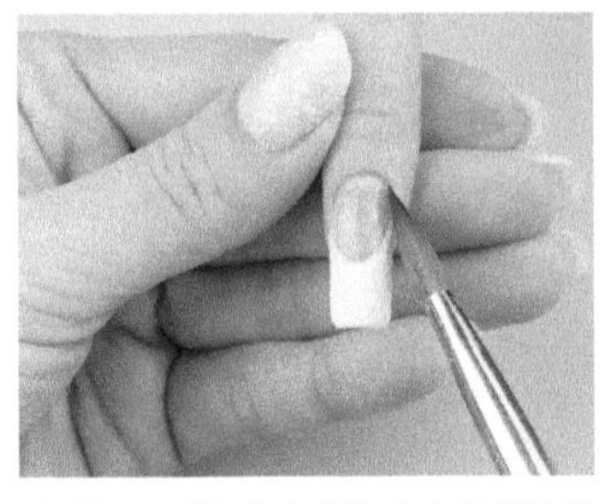

17 用沾满水晶液的水晶笔沾取少量的透明色水晶粉，形成水晶酯放在离后缘1毫米处，用笔轻拍开

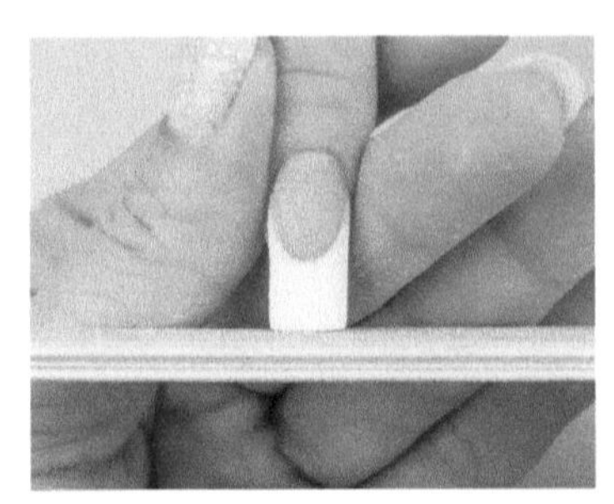

18 晾干后用砂条修磨甲形，注意指甲前端用砂条横向修磨成直线

19-1

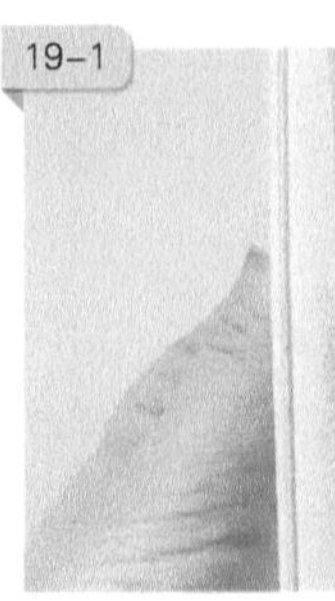

19 指甲两侧应修磨至平行

19-2

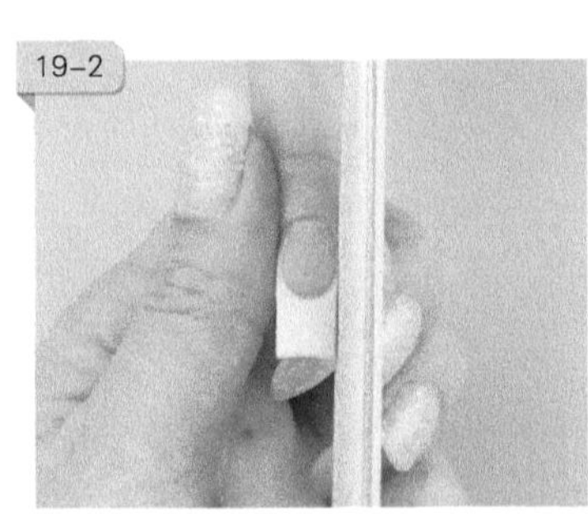

20 将左右侧面多余部分打磨至与本甲在同一直线上

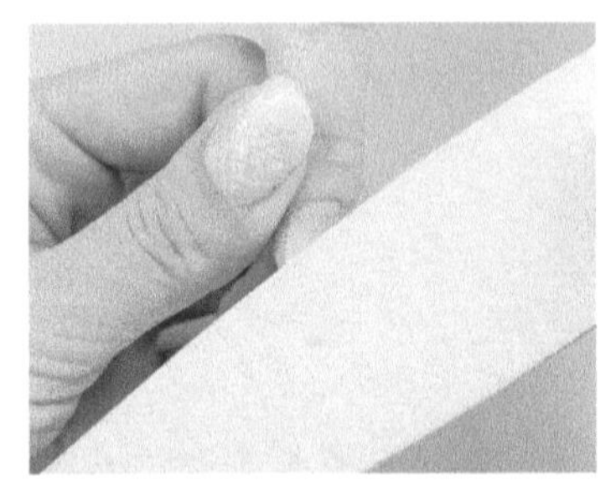

21 用砂条打磨甲面，使甲面平整，并达到适宜的弧度、厚度

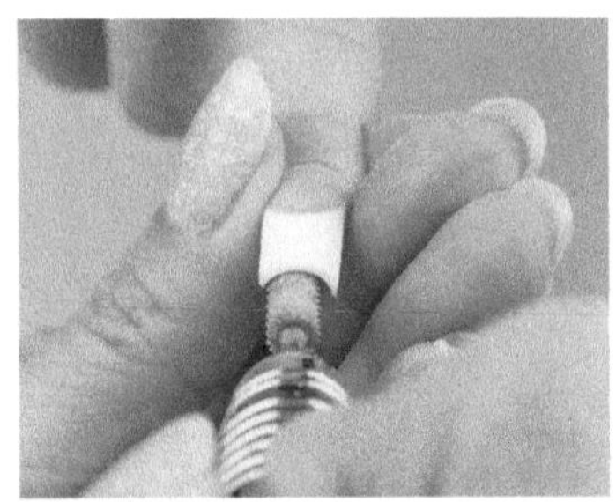

22 用打磨机轻轻打磨指甲内侧，注意按压指甲微笑线两侧，打磨出合适厚度

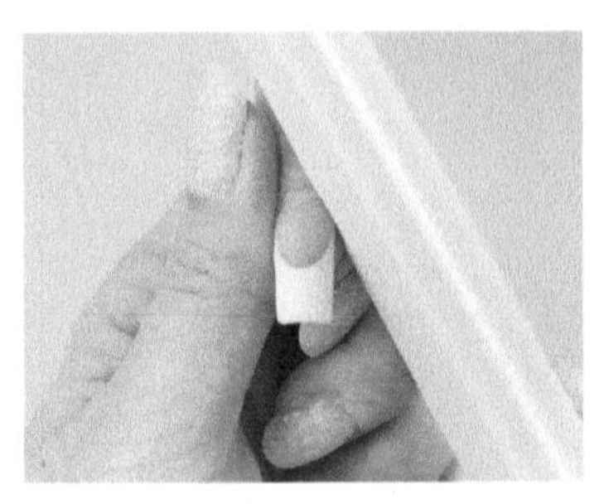

23 用海绵锉抛磨甲面

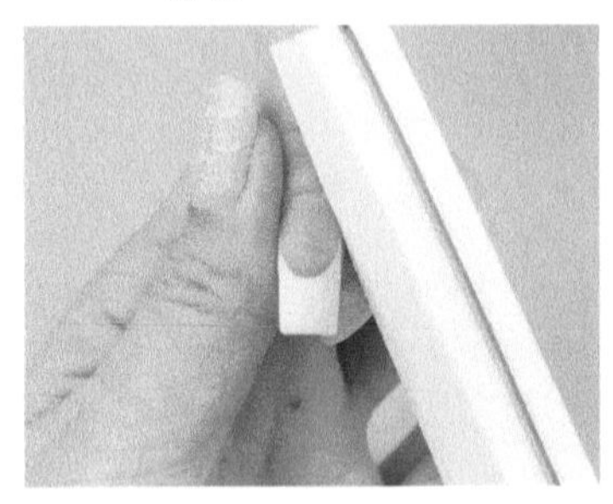

24 用抛光条抛光甲面，也可以直接上封层，照灯固化

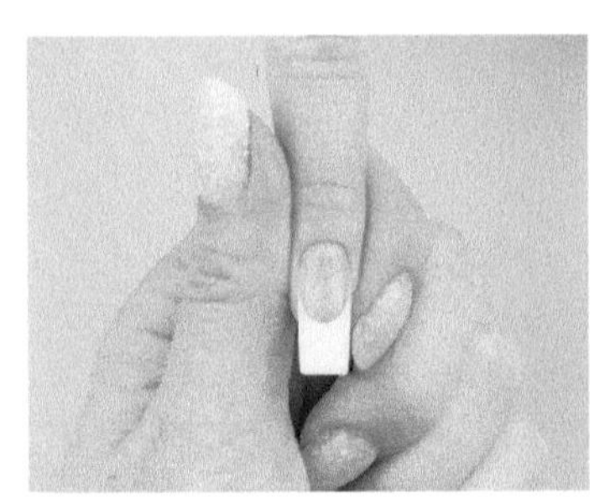

完成，注意两侧甲缘平行

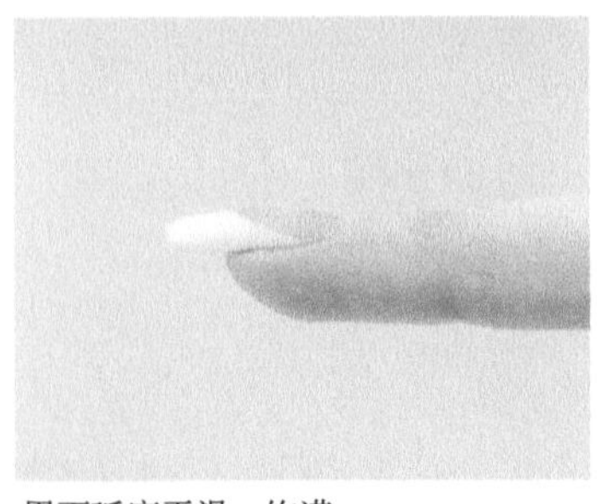

甲面弧度平滑、饱满

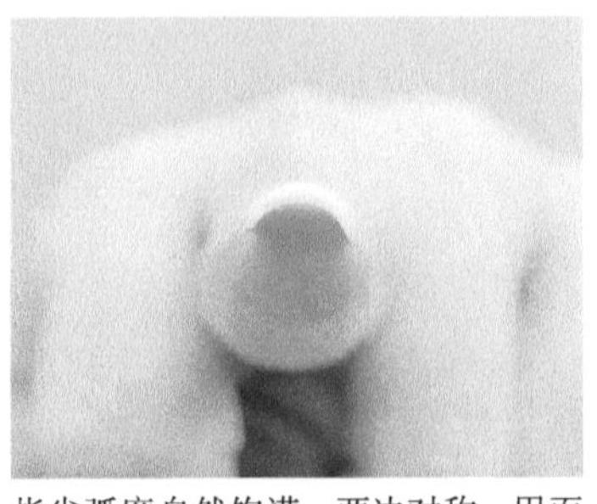

指尖弧度自然饱满，两边对称，甲面厚度适宜

3.7 水晶加强本甲

制作水晶加强本甲需要的工具和材料有：75 度酒精、95 度酒精、砂条、海绵锉、粉尘刷、干燥剂、结合剂、水晶笔、水晶杯、水晶液、透明色水晶粉。

水晶加强本甲的制作步骤如下。

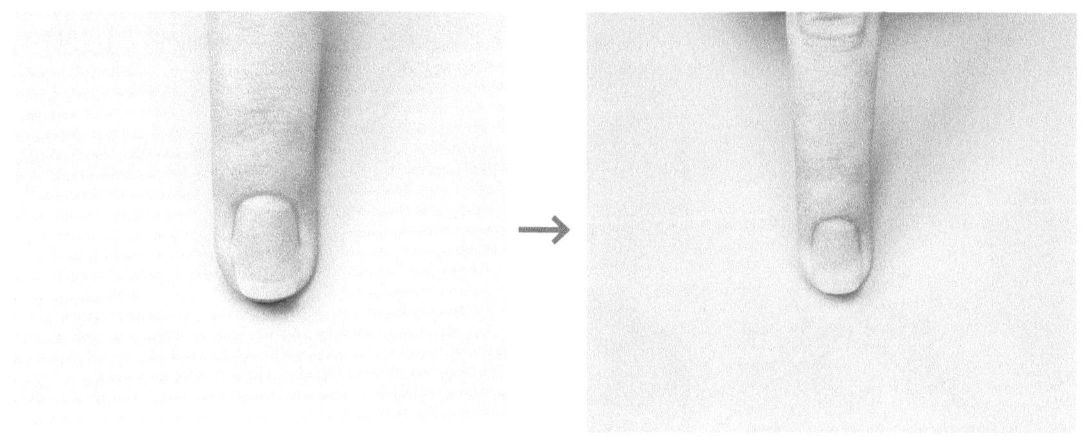

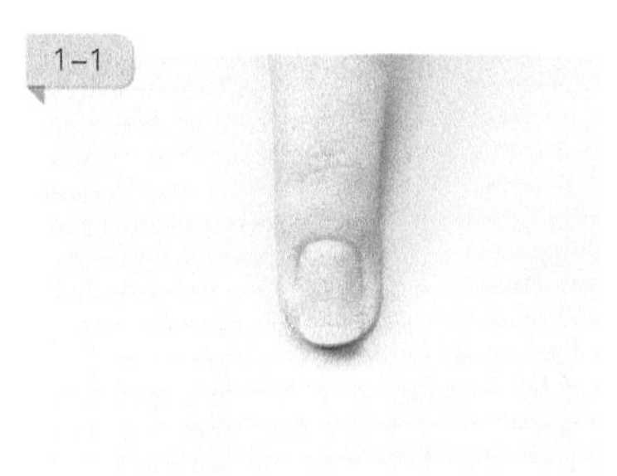

1-2

1　指甲软薄，指甲前缘容易造成裂口

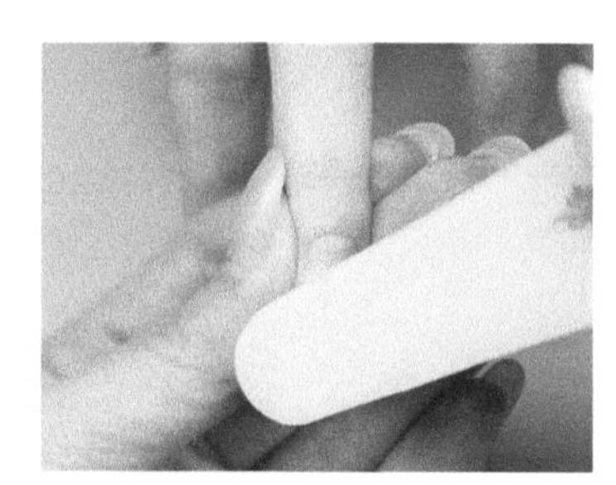

2　用海绵锉轻轻刻磨整甲

3　用粉尘刷扫除多余粉屑

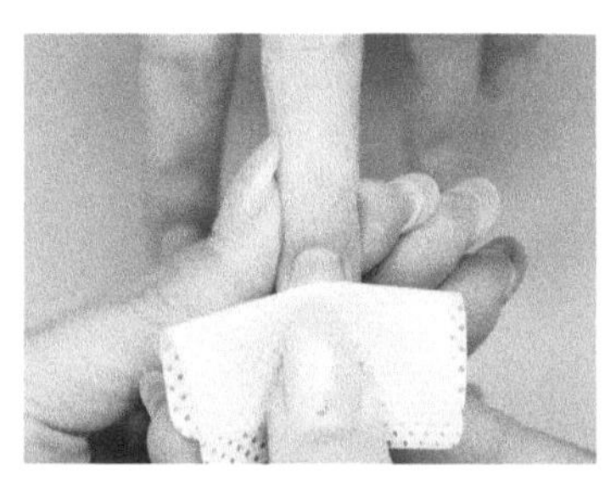

4　用 75 度酒精清洁甲面

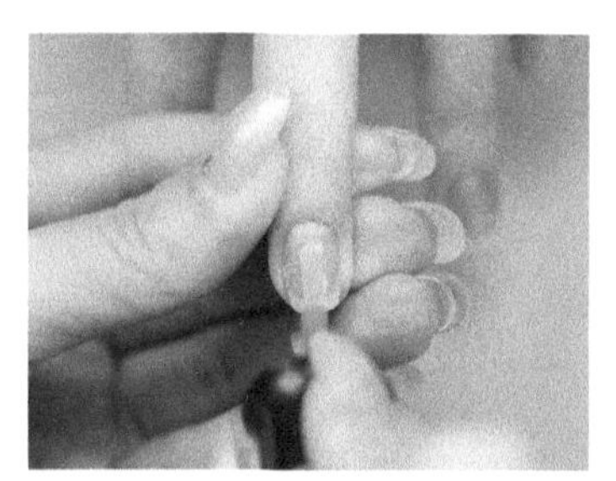

5　涂抹干燥剂，注意切勿让干燥剂接触皮肤

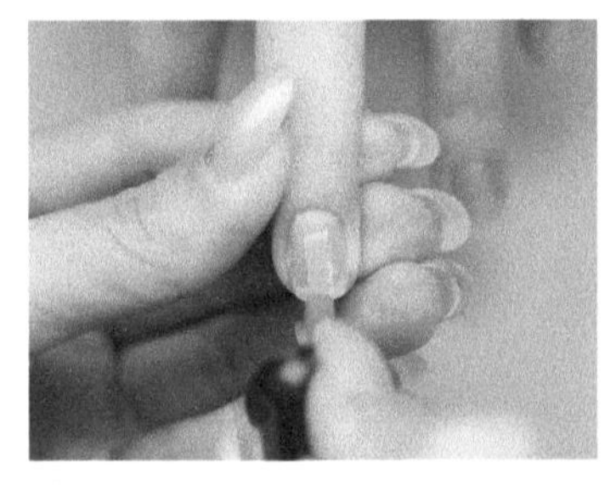
6 涂抹结合剂

7 用沾满水晶液的水晶笔沾取适量透明色水晶粉，形成水晶酯

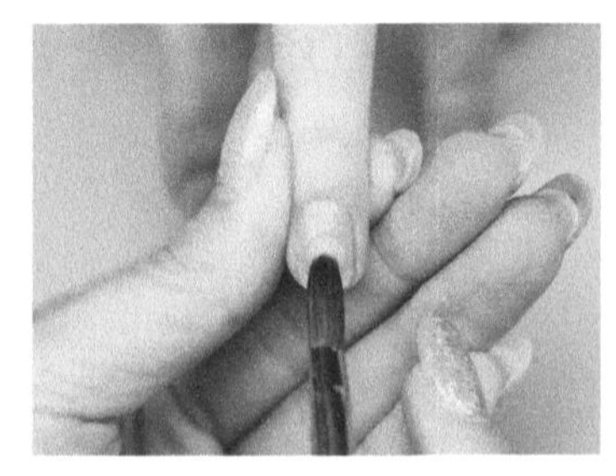
8 放置在甲面的中心，往前缘轻拍

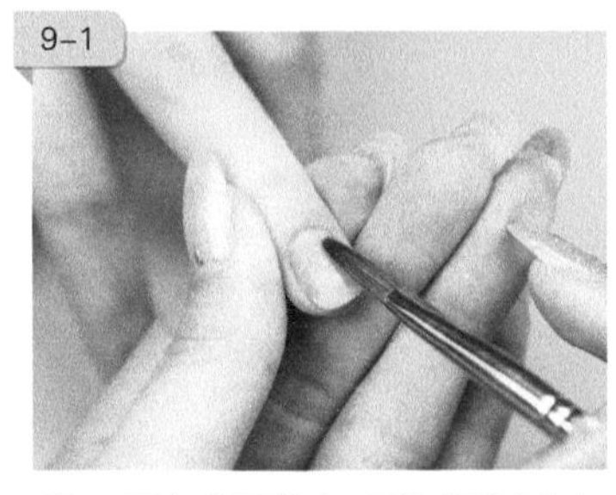

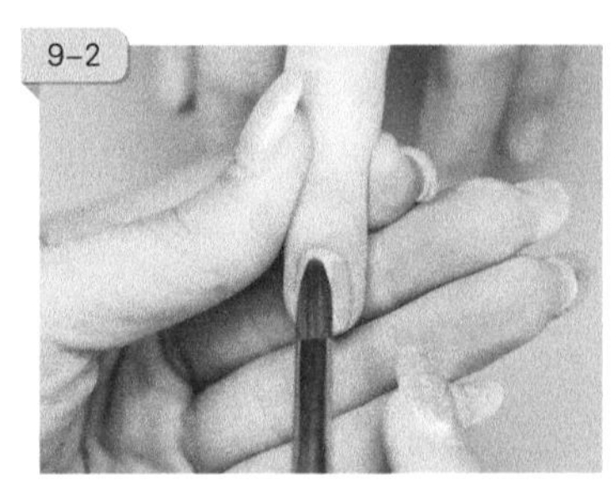

9 拍打出甲形时，要注意厚度均匀

10 再用沾满水晶液的水晶笔沾取适量透明色水晶粉，形成水晶酯，放置在离指甲后缘1毫米的距离

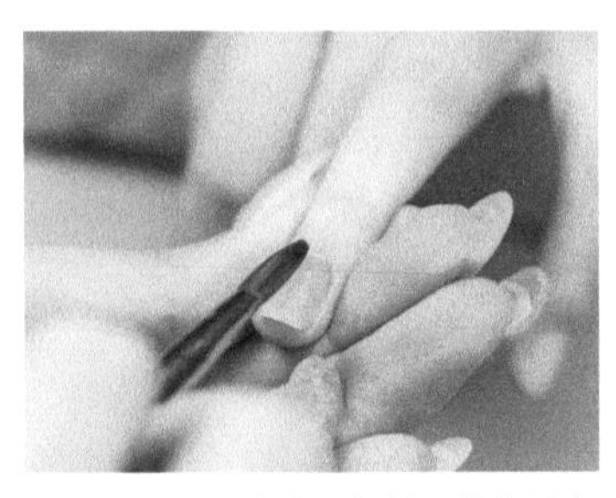
11 往前缘方向轻拍，使指甲表面尽量光滑平整，待水晶酯完全干透

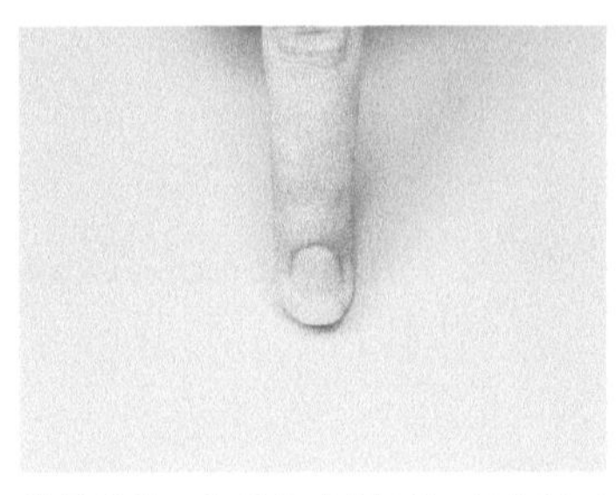
使用砂条、海绵锉将甲面打磨光滑至平整、饱满，完成

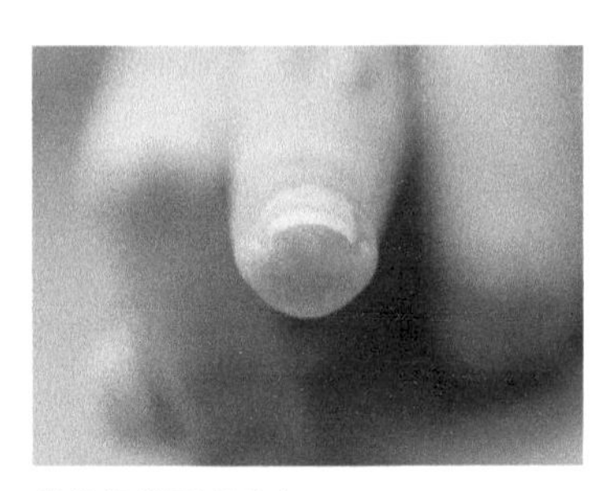
指甲前缘厚度适中

知识便签

3.8 卸除水晶甲

卸除水晶甲需要的工具和材料有：75 度酒精、95 度酒精、砂条、海绵锉、粉尘刷、镊子、锡纸、棉花、卸甲水、死皮推。

卸除水晶甲的步骤如下。

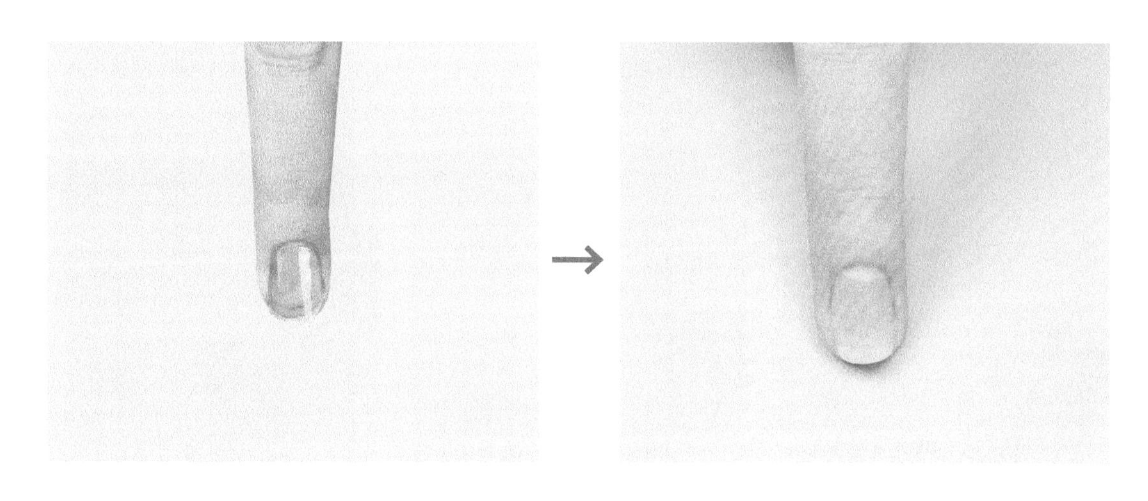

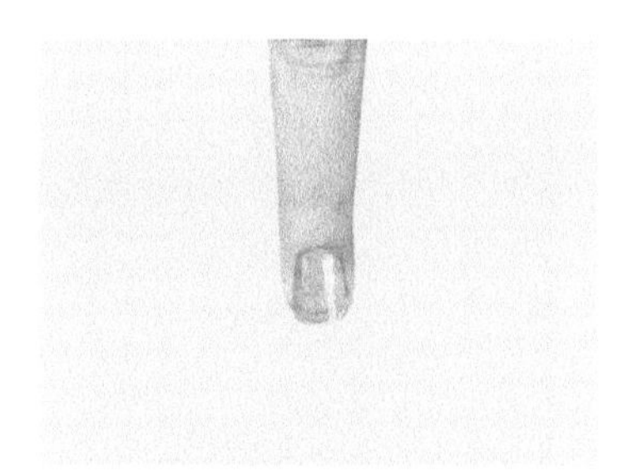

1 还未卸除的水晶甲

2 用砂条轻轻打磨甲面，切勿伤及本甲

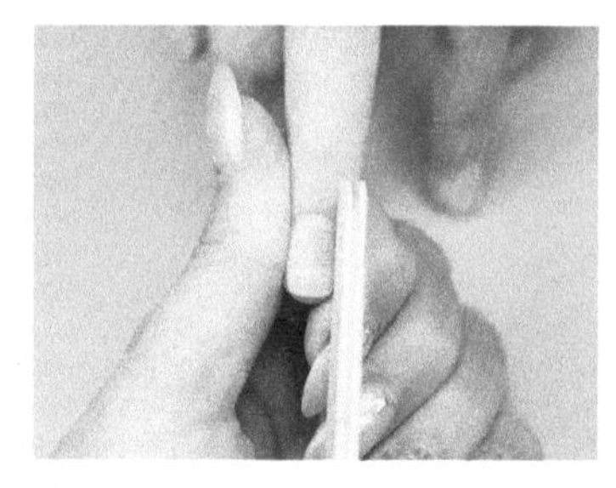

3 注意左右两侧与指甲后缘都要适当打磨

4 用粉尘刷扫除多余粉屑

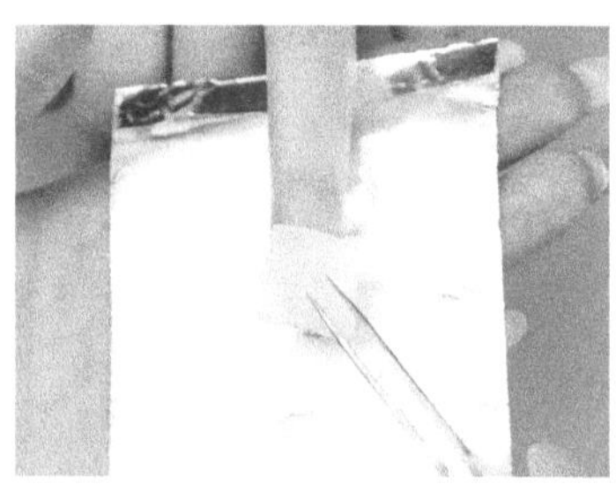

5 用镊子把沾有足量卸甲水的棉花放在甲面上，注意棉花要完全覆盖甲面

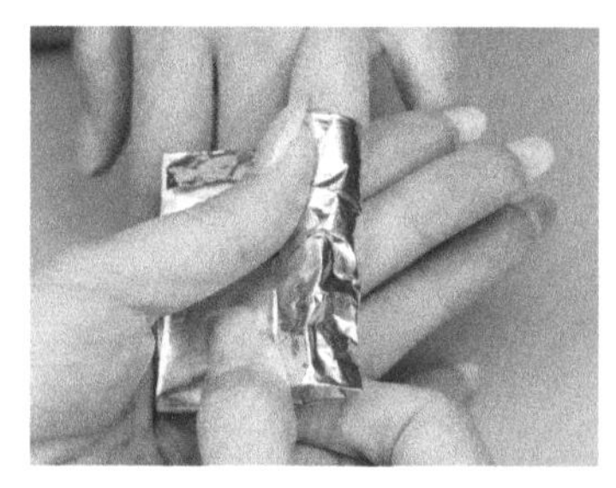

6 用锡纸将棉花包裹起来，注意密封好

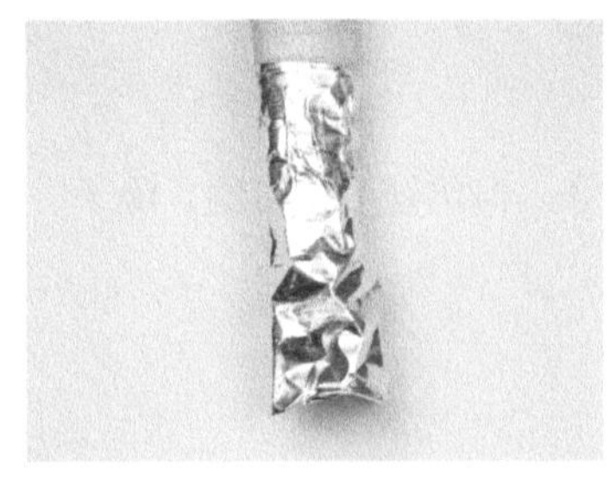
7 等待 10 ~ 15 分钟

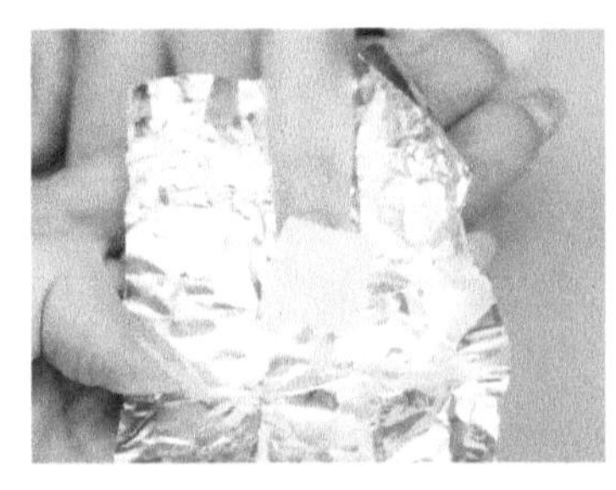
8 整体取出棉花与锡纸

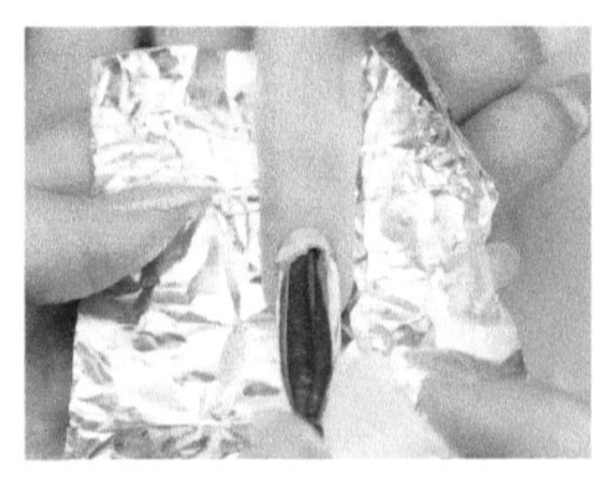
9 用死皮推轻轻推除已软化的水晶甲

10 注意指甲两侧也要推除到位，再往前缘处推剩下的部分

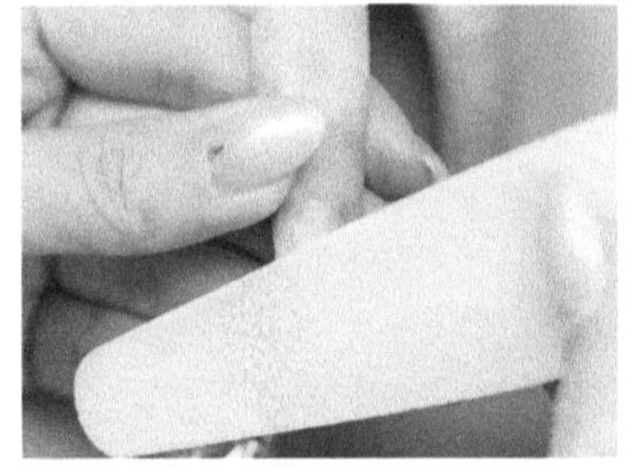
11 用海绵锉轻轻抛磨甲面上残余的水晶甲

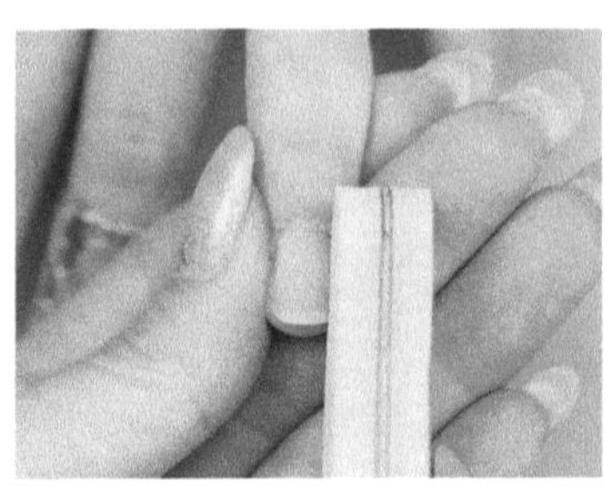
12 左右两侧的残余水晶甲要打磨到位

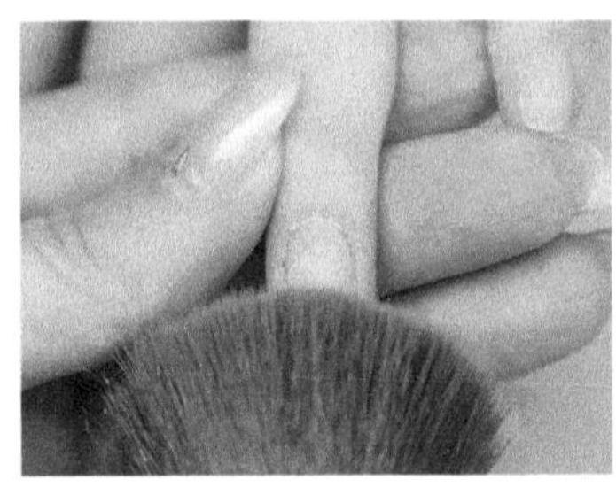
13 用粉尘刷扫除多余粉屑

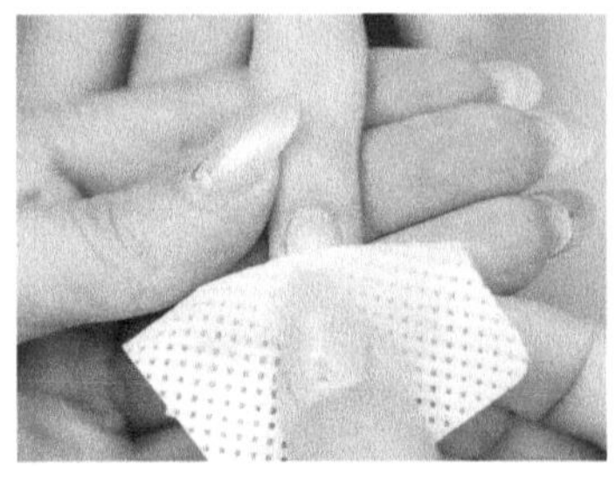
14 用 75 度酒精清洁甲面

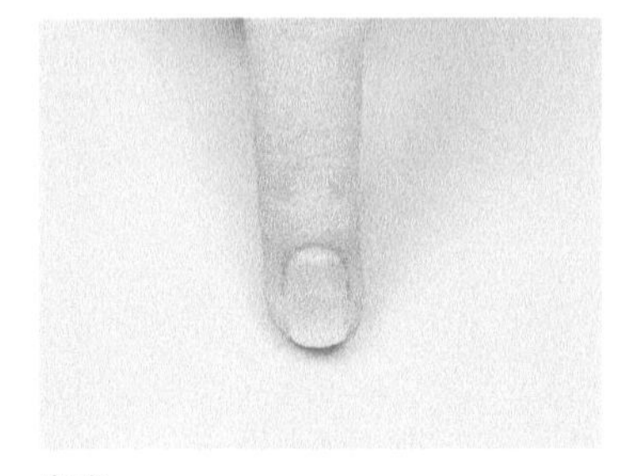
完成

知识便签

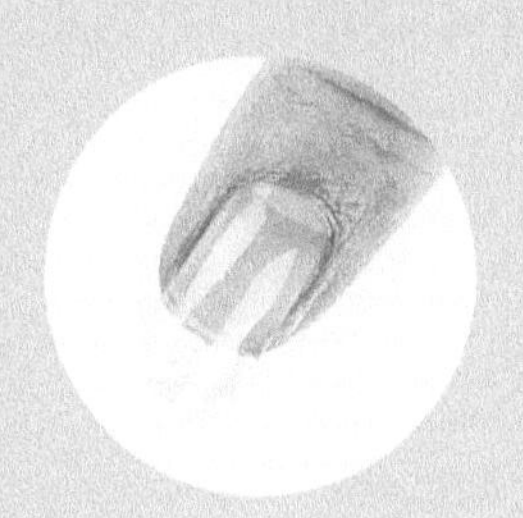

第 4 章 光疗甲

4.1 光疗甲的产品和工具

4.2 光疗延长甲

4.3 光疗法式甲

4.4 光疗反法式甲（高位法式）

4.5 快速光疗甲

4.6 卸除光疗甲

光疗甲的成分为天然树脂，健康无刺激，既不会损害指甲，又能有效地矫正甲形，使指甲更加纤细动人。作为仿真延长甲，光疗甲相比水晶甲操作稍简单一些，在照灯前美甲师有充分的操作时间。而光疗甲与自然指甲一样有韧性，不易断裂，光泽度佳，是美甲师需要掌握的重要技术。

4.1 光疗甲的产品和工具

（1）纸托

纸托是延长、固定以及定型指甲时的辅助工具，如图 4–1 所示。

图 4–1 纸托

（2）光疗胶

光疗胶用于加固、延长、矫正甲形，如图 4–2 所示。

图 4–2 光疗胶

（3）光疗笔

光疗笔用于取光疗胶，并涂抹至甲面上。光疗笔有平头和圆头两种，如图 4–3 所示。

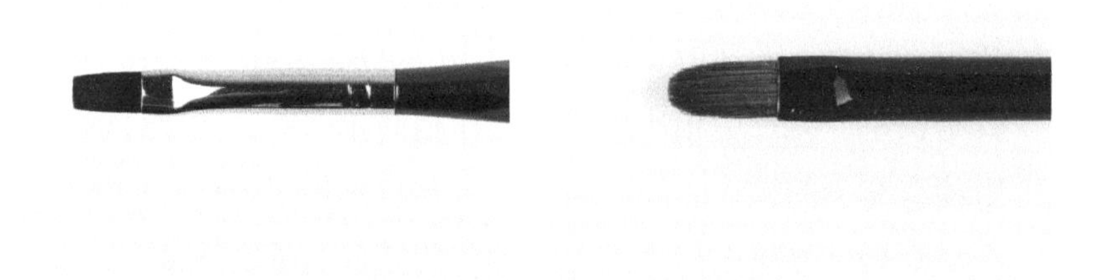

（a）平头光疗笔　　（b）圆头光疗笔

图 4–3 光疗笔

4.2 光疗延长甲

制作光疗延长甲需要的工具和材料有：75 度酒精、95 度酒精、砂条、海绵锉、粉尘刷、纸托、光疗笔、底胶、光疗延长胶、免洗封层。

光疗延长甲的制作步骤如下。

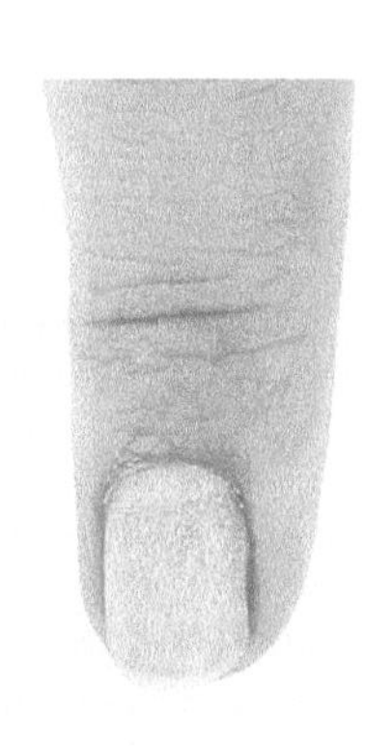

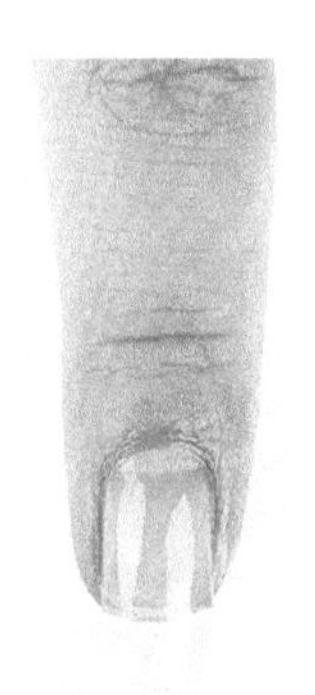

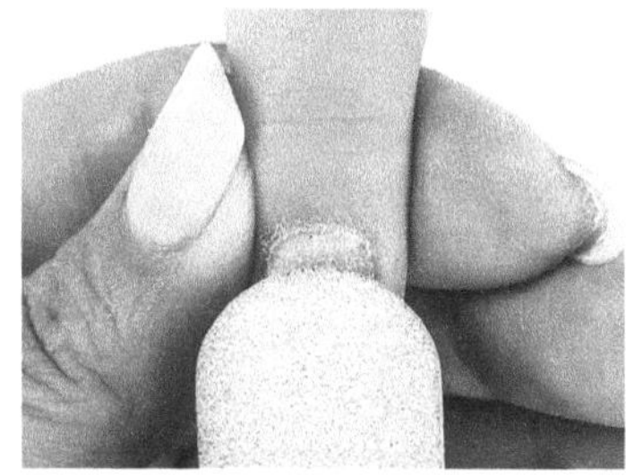

1 用砂条刻磨甲面至不光滑

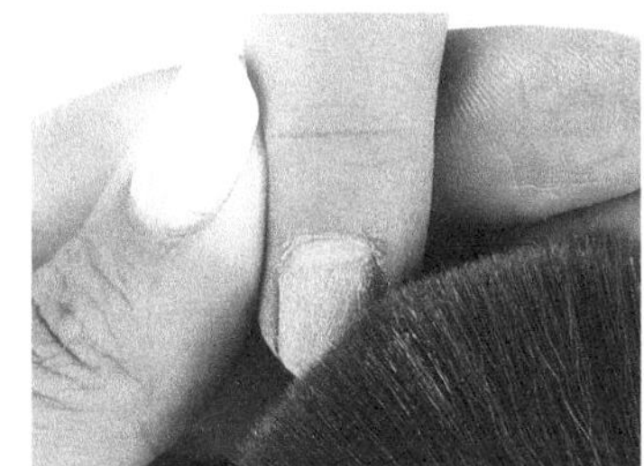

2 用粉尘刷扫除多余粉屑

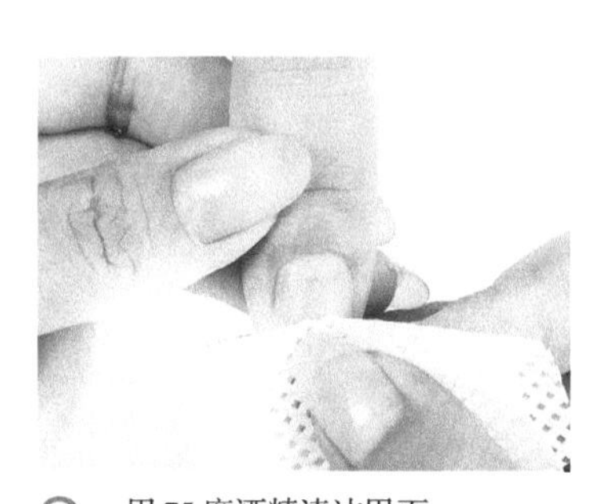

3 用 75 度酒精清洁甲面

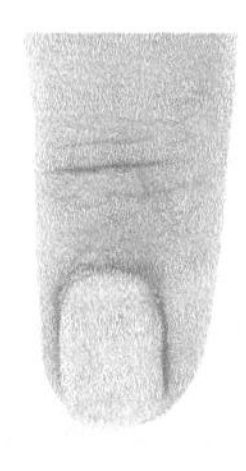

4 整理后效果

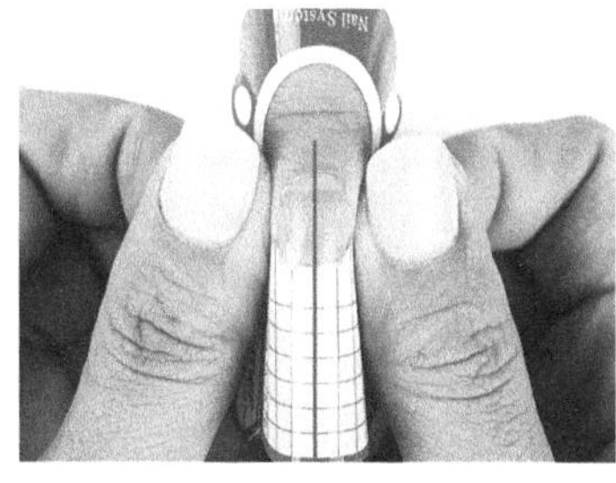

5 将纸托卡在指甲前缘下端，用两指于 A、B 两点处向下压弯两端使其黏合

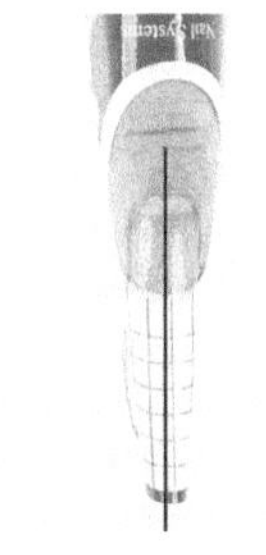

6 注意中心线与手指中心对齐，指甲前缘与纸托间不能有缝隙

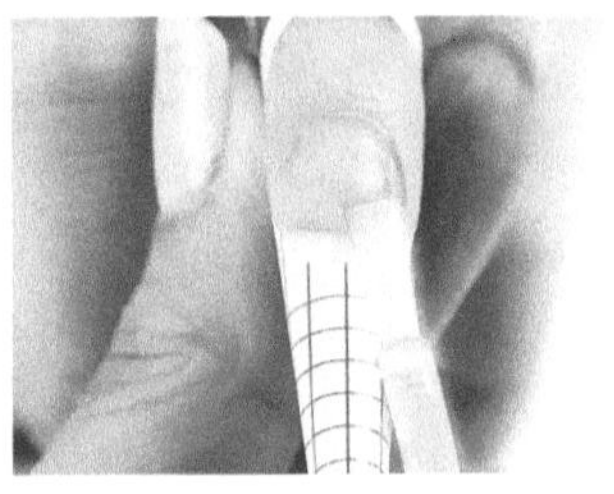

7　涂抹底胶，照灯固化 60 秒

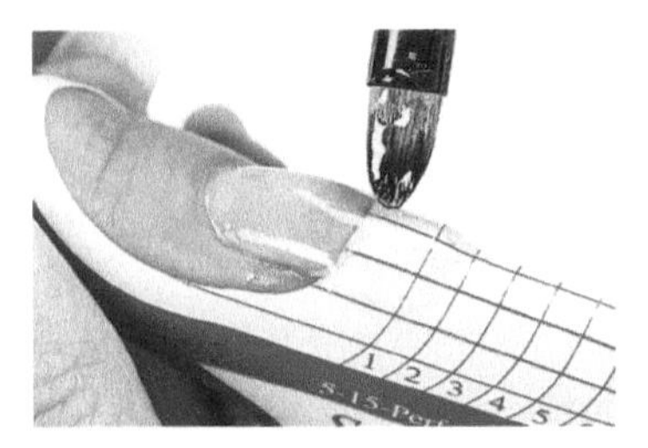

8　用光疗笔取适量的光疗胶

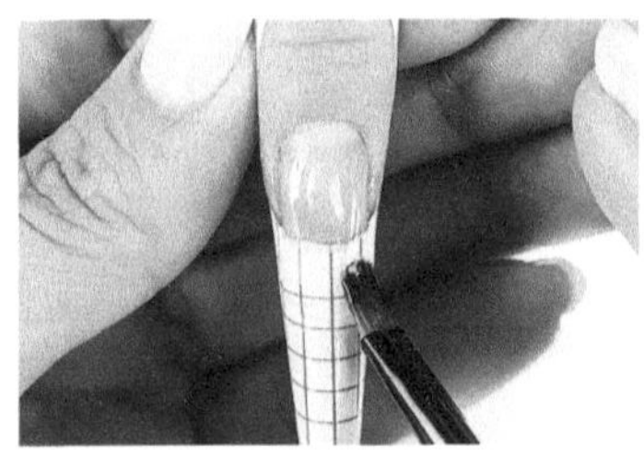

9　从指甲和纸托交界处开始，向延长方向以打圈的方式带动光疗胶，做出前缘甲形，照灯固化 60 秒

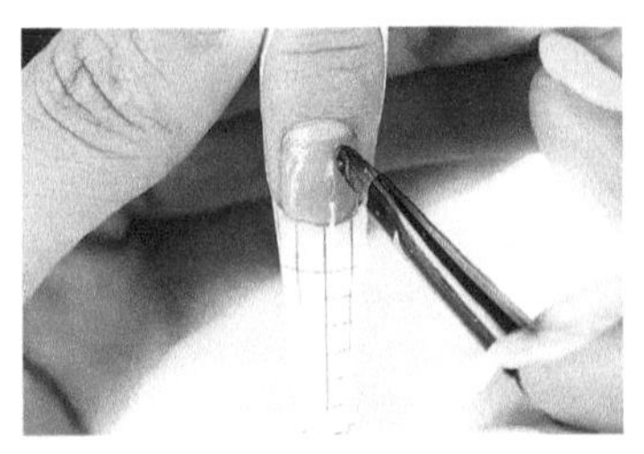

10　再取适量光疗胶放在离指甲后缘 1 毫米处

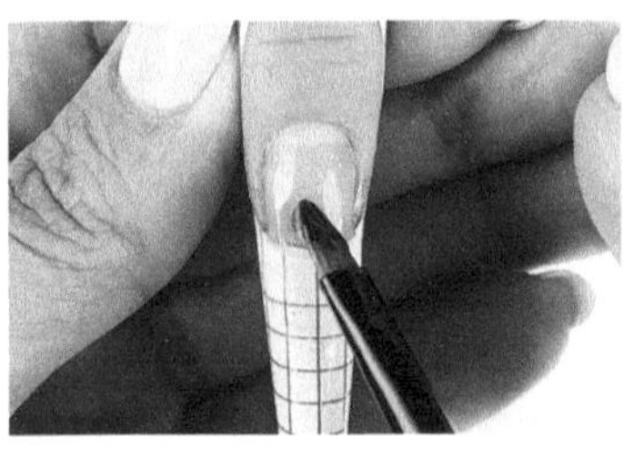

11　往前缘方向带动，照灯固化 30 秒至半固化状态

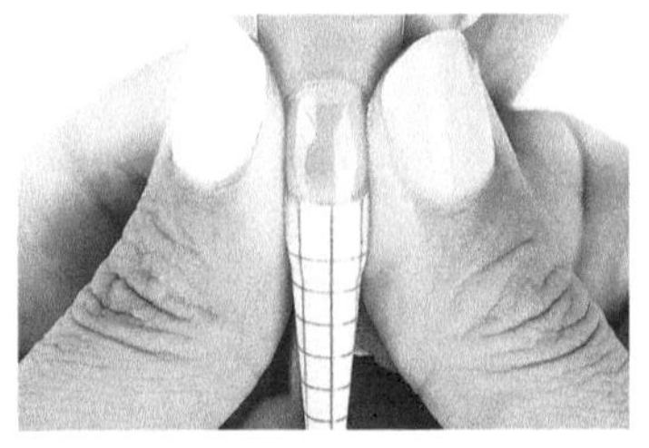

12　用双手拇指稍微挤压 A、B 两点，辅助甲形形成自然 C 弧拱度，照灯固化 60 秒

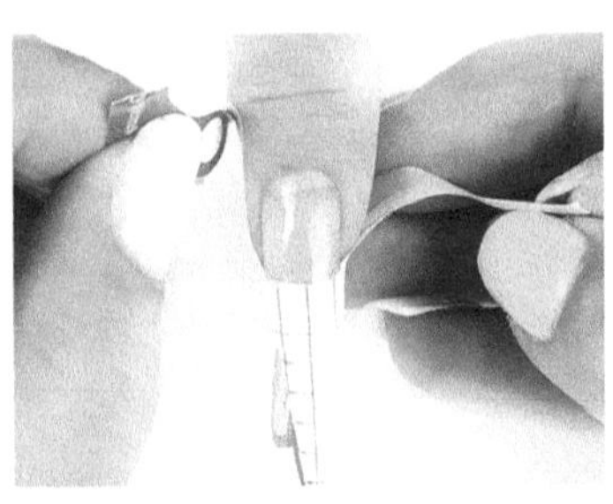

13　撕下纸托后缘，然后捏住纸托向下取出

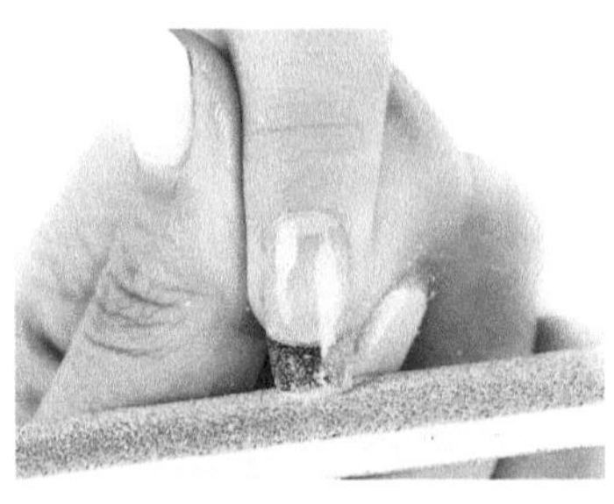

14　用砂条横向修磨指甲前端，使前端与两侧垂直

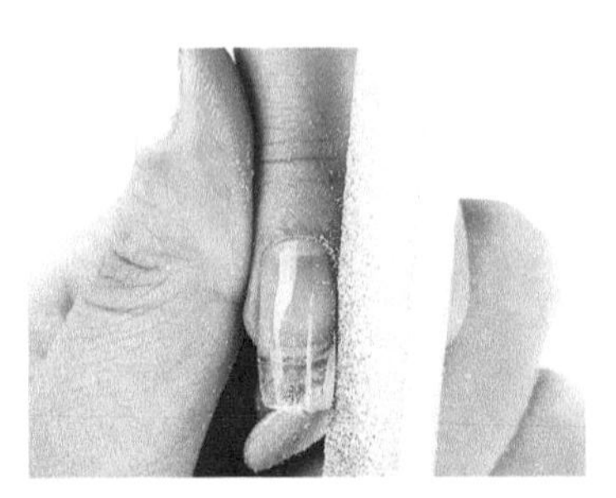

15　用砂条修磨两侧，至两侧甲形平行

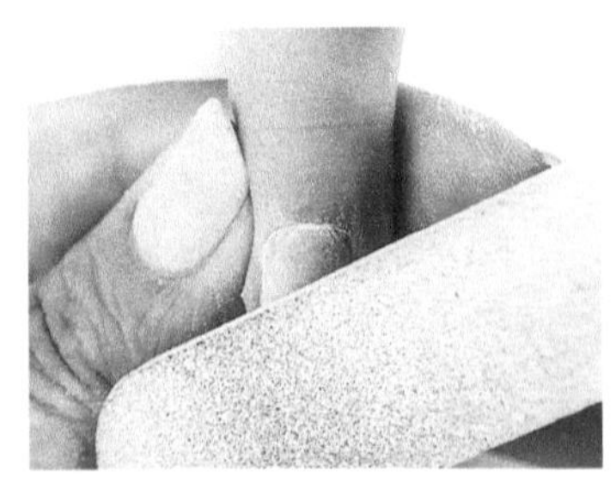

16　打磨整个甲面，使甲面平整且达到适合的薄度与弧度

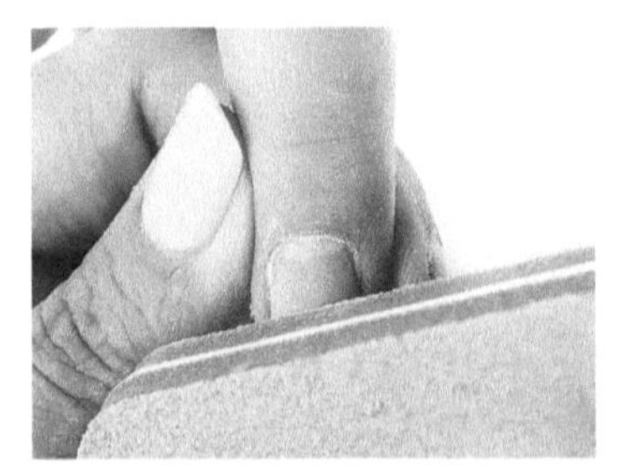

17　用海绵锉轻轻抛磨甲面

18　用粉尘刷扫除多余粉屑

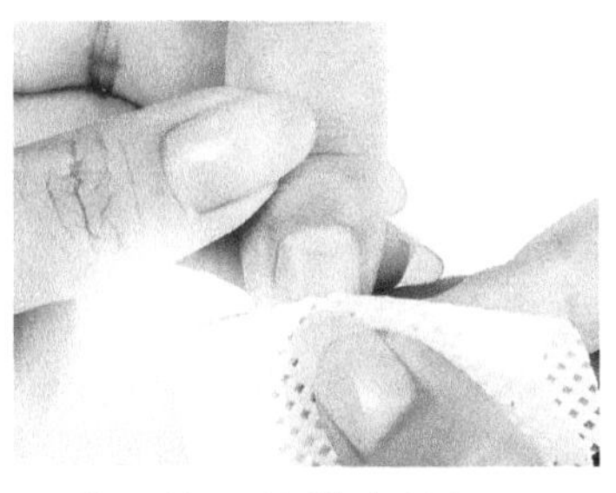

19　用 75 度酒精清洁甲面

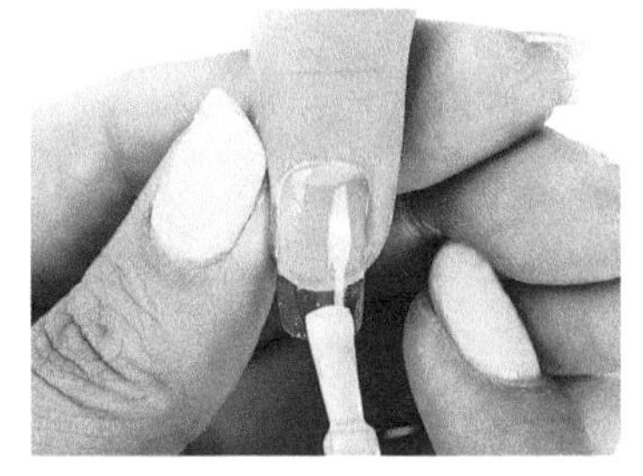

20　涂抹免洗封层，照灯固化 90 秒

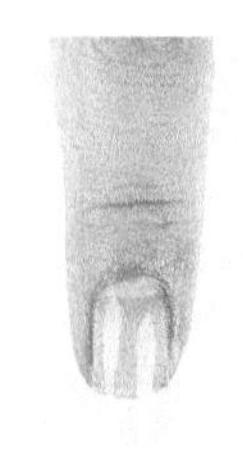

完成，两侧甲缘平行

甲面弧度平滑、饱满

知识便签

4.3 光疗法式甲

制作光疗法式甲需要的工具和材料有：75 度酒精、95 度酒精、砂条、海绵锉、粉尘刷、纸托、光疗笔、底胶、光疗延长胶、白色甲油胶、免洗封层。

光疗法式甲的制作步骤如下。

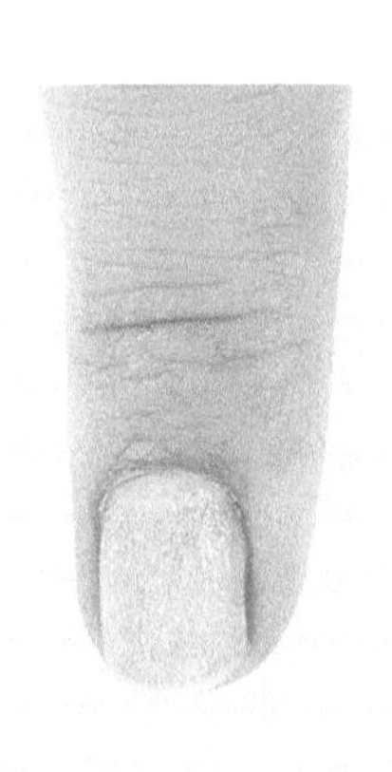

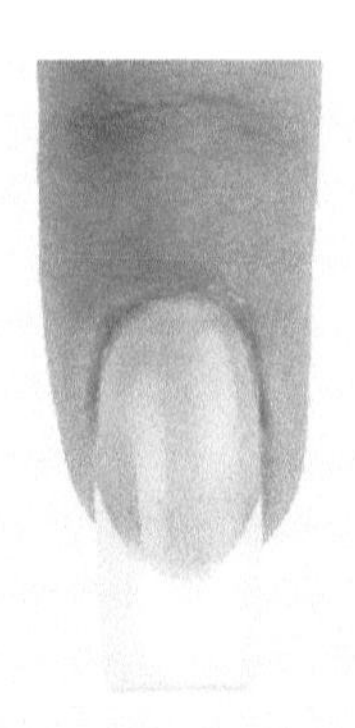

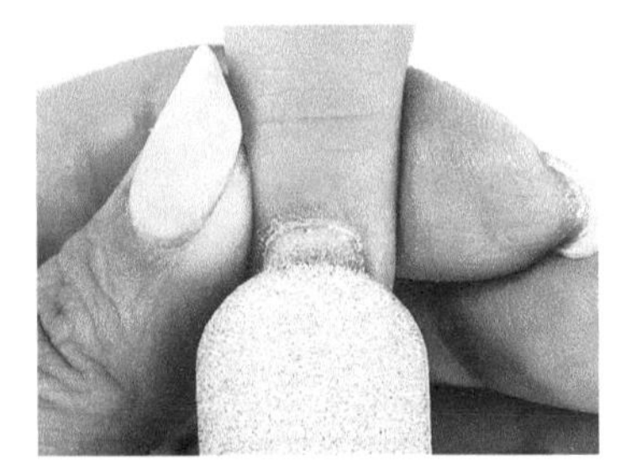

1 用砂条刻磨甲面至不光滑

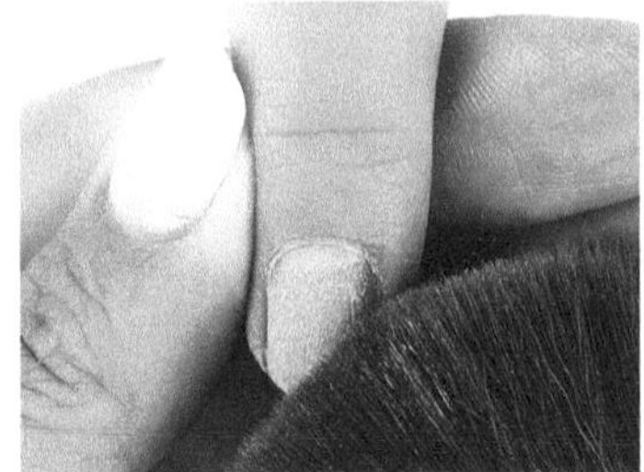

2 用粉尘刷扫除多余粉屑

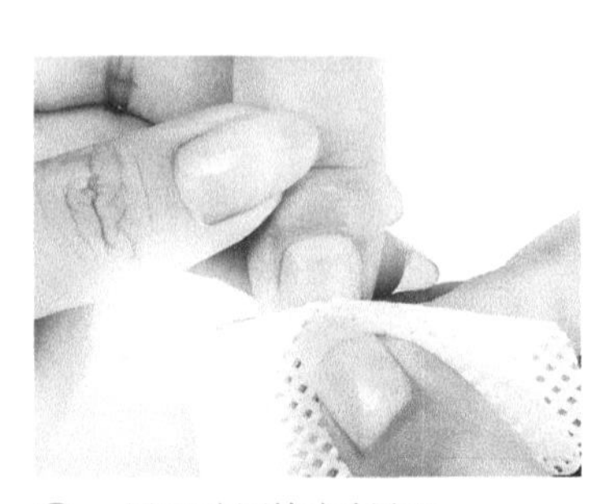

3 用 75 度酒精清洁甲面

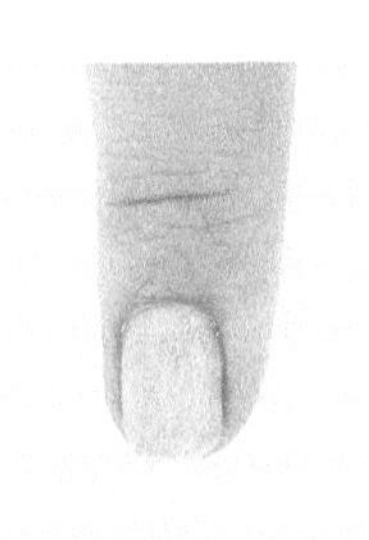

4 整理后效果

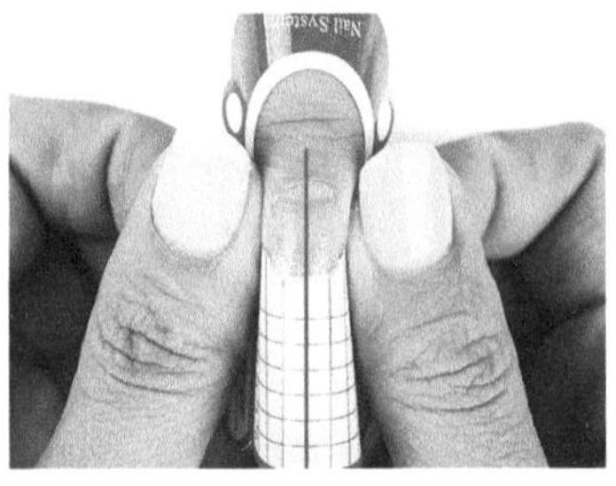

5 将纸托卡在指甲前缘下端，用两指于 A、B 两点处向下压弯两端使其黏合

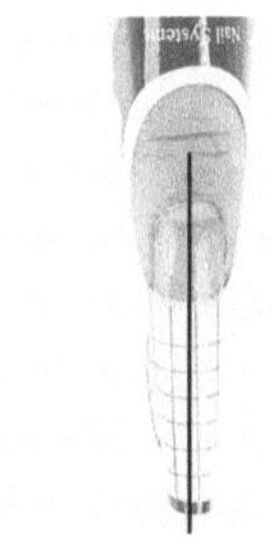

6 注意中心线与手指中心对齐，指甲前缘与纸托间不能有缝隙

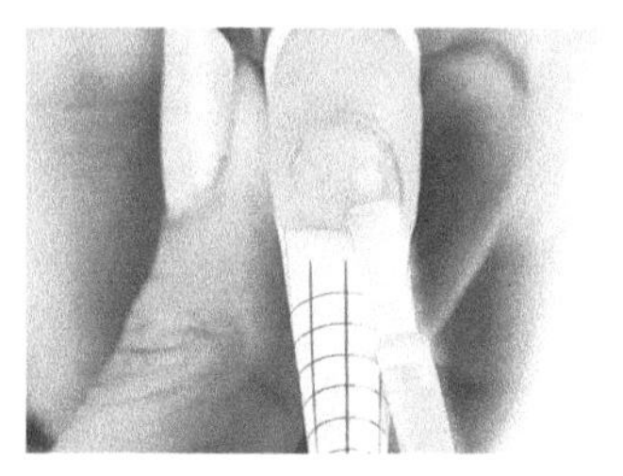

7　涂抹底胶，照灯固化 60 秒

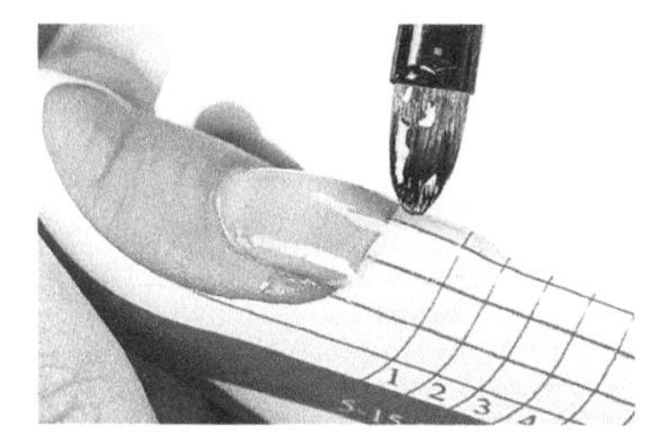

8　用光疗笔取适量的光疗胶

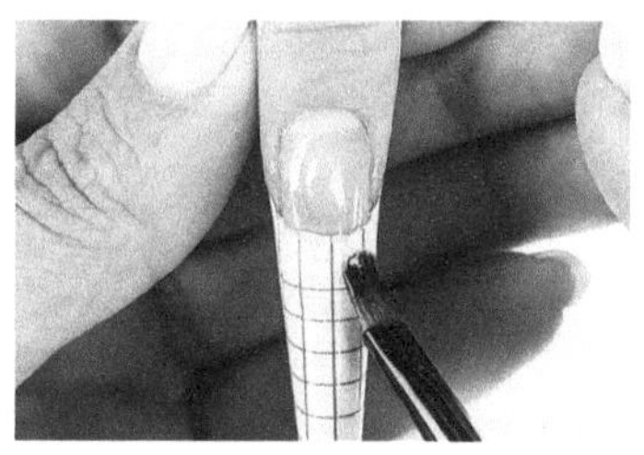

9　从指甲和纸托交界处开始，向延长方向以打圈的方式带动光疗胶，做出前缘甲形，照灯固化 60 秒

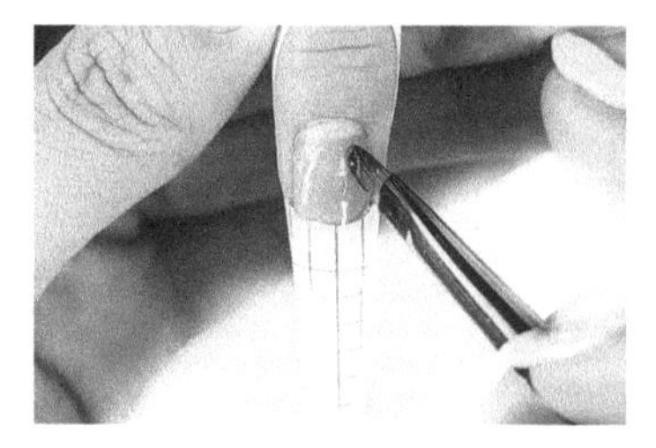

10　再取适量光疗胶放在离指甲后缘 1 毫米处

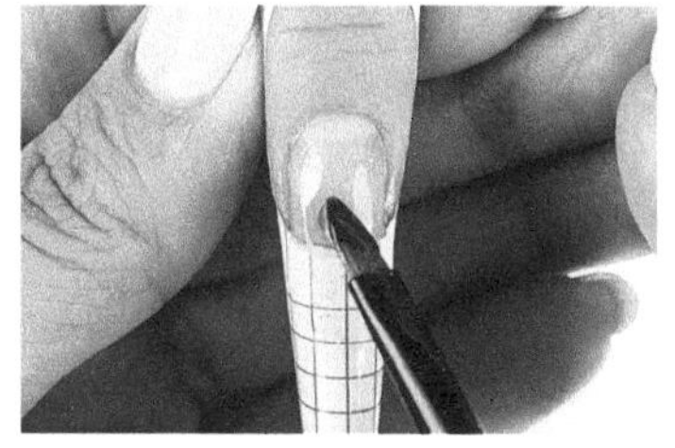

11　往前缘方向带动，照灯固化 30 秒至半固化状态

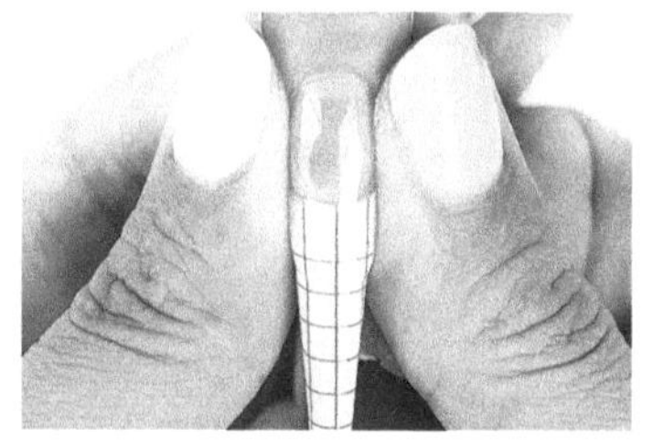

12　用双手拇指稍微挤压 A、B 两点，辅助甲形形成自然 C 弧拱度，照灯固化 60 秒

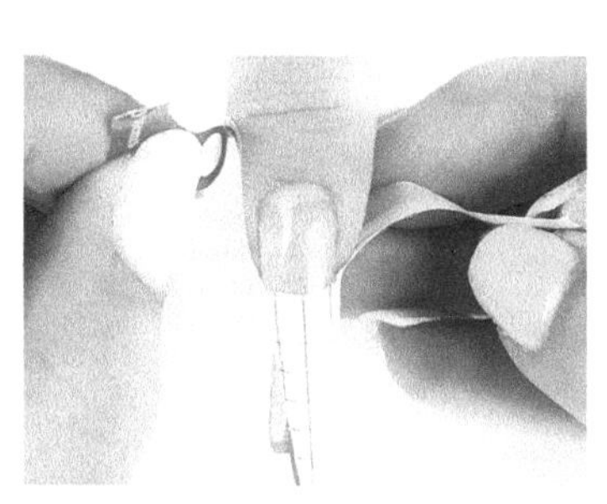

13　撕下纸托后缘，然后捏住纸托向下取出

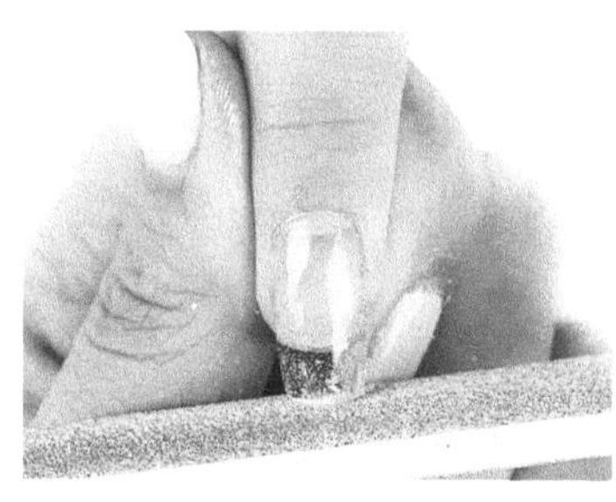

14　用砂条横向修磨指甲前端，使前端与两侧垂直

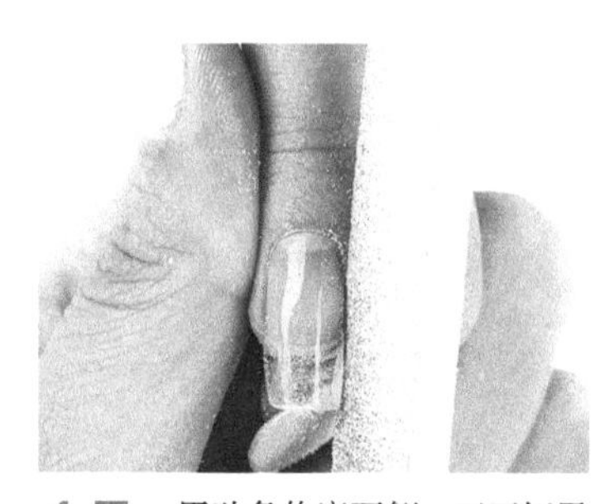

15　用砂条修磨两侧，至两侧甲形平行

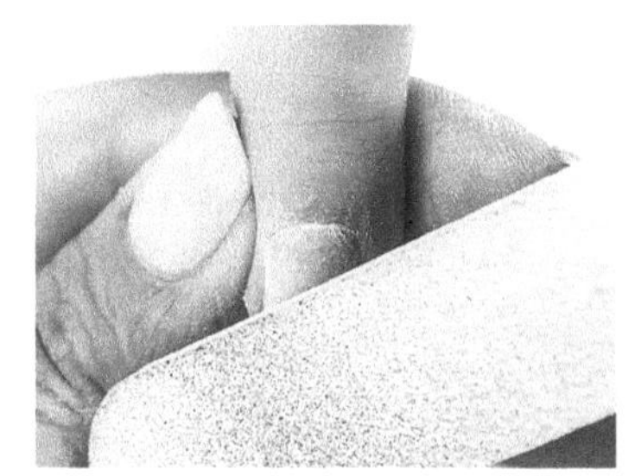

16　打磨整个甲面，使甲面平整且达到适合的薄度与弧度

17　用海绵锉轻轻抛磨甲面

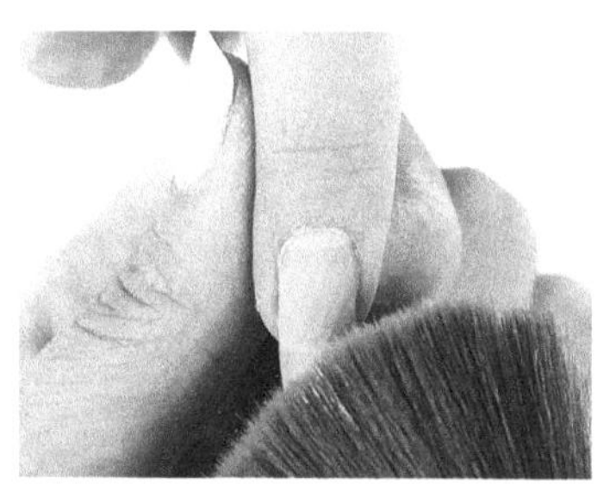

18　用粉尘刷扫除多余粉屑

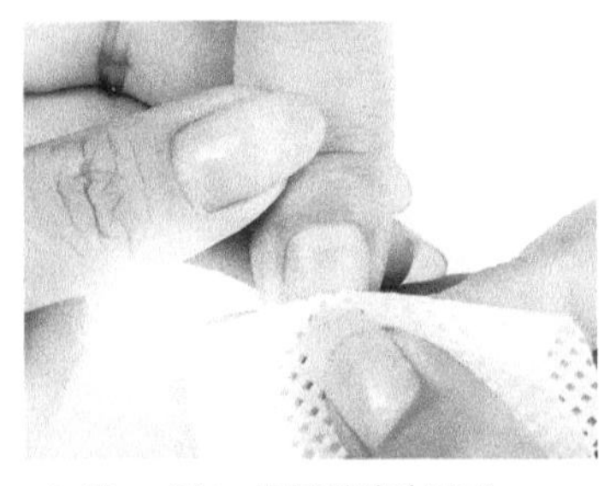

19 用 95 度酒精清洁甲面

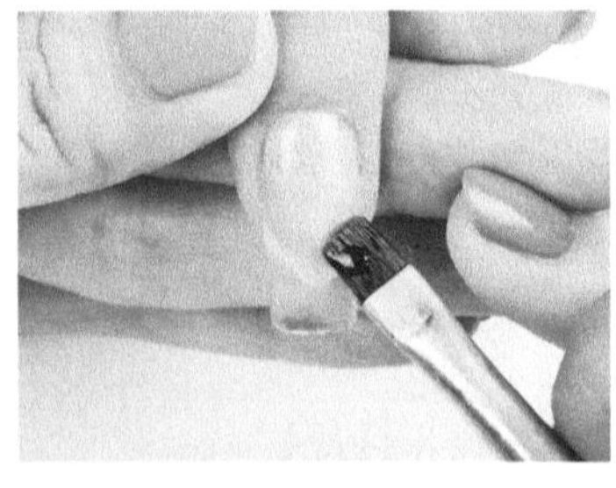

20 在甲面涂抹底胶，要注意包边，照灯固化 60 秒

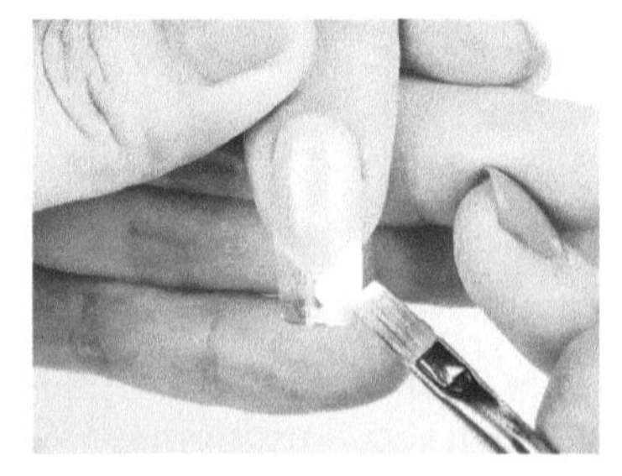

21 用光疗笔沾取适量白色甲油胶，先进行包边再沿着甲面微笑线画出法式线

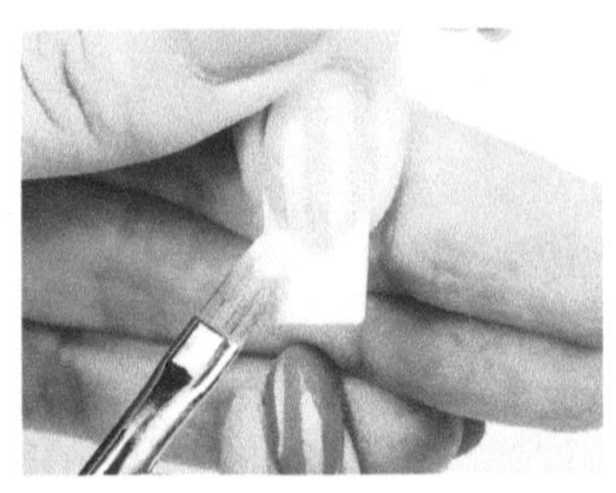

22 填充颜色，使颜色均匀弧度对称，照灯固化 60 秒

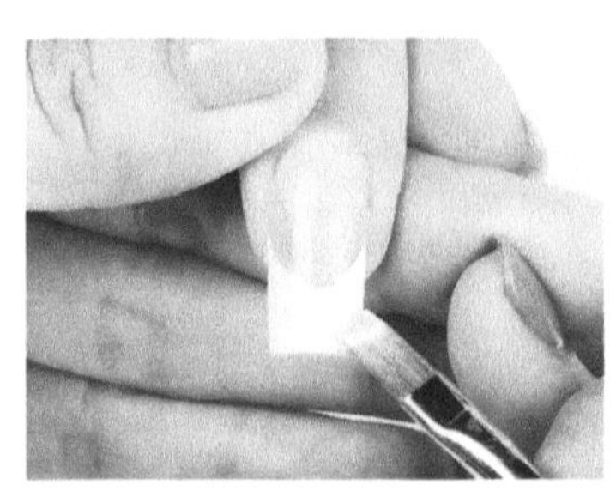

23 重复上色，使法式线饱满，照灯固化 60 秒

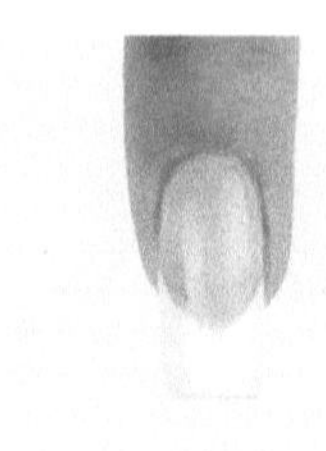

涂抹免洗封层，照灯固化 90 秒，完成

Tips：

- 白色甲油胶应选用饱和度、黏稠度较高的甲油胶，比较容易上色。
- 封层应选用防黄功能高的产品。
- 法式线要做到 AB 点对称、C 点居中，才能两边对称。
- AB 点和 C 点要根据不同的客人设计不同的高度与弧线大小。
- 法式线制作时可根据习惯选用斜头或平头光疗笔。

知识便签

4.4 光疗反法式甲（高位法式）

制作光疗反法式甲需要的工具和材料有：75 度酒精、95 度酒精、砂条、海绵锉、粉尘刷、纸托、光疗笔、底胶、光疗延长胶、白色甲油胶、免洗封层。

光疗反法式甲的制作步骤如下。

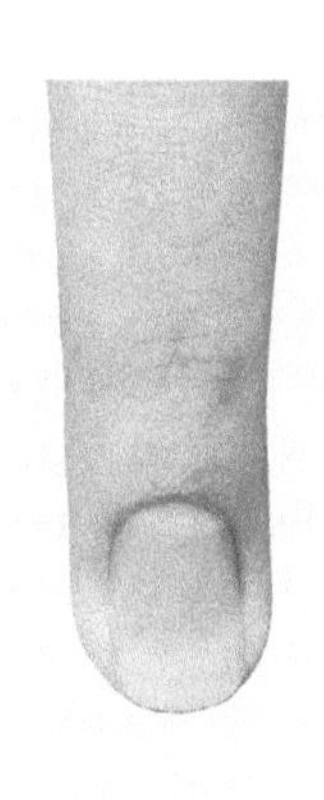

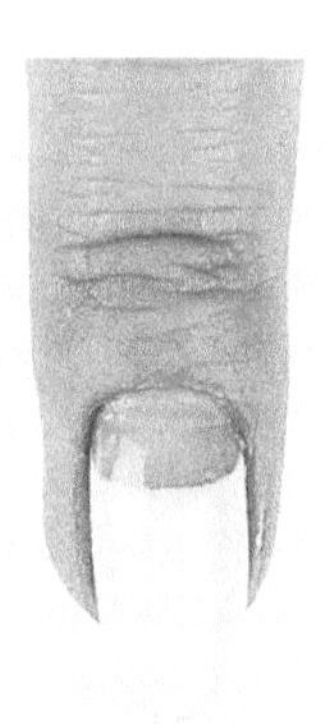

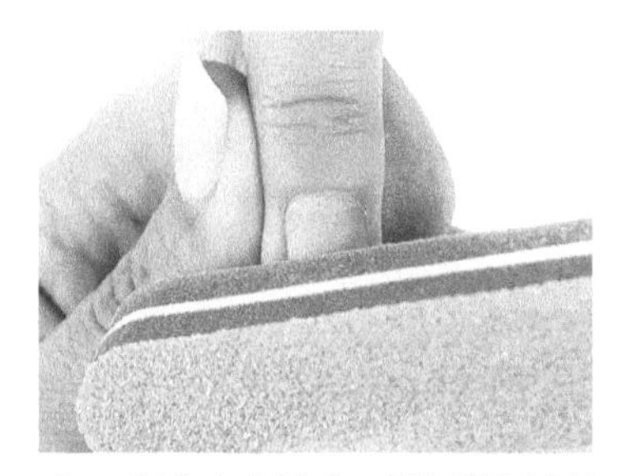

1　制作光疗甲后，用海绵锉刻磨甲面至不光滑

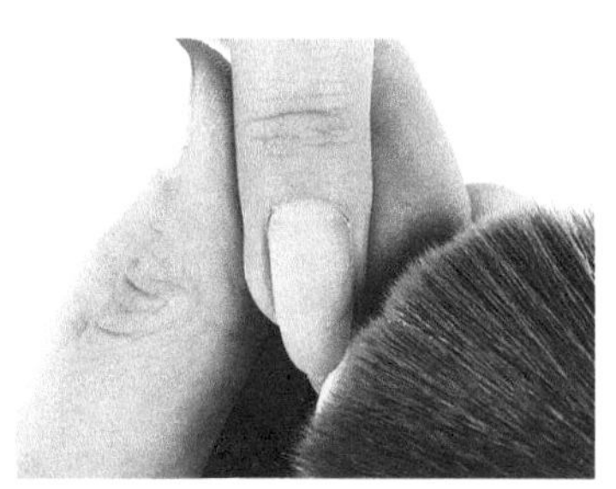

2　用粉尘刷扫除多余粉屑

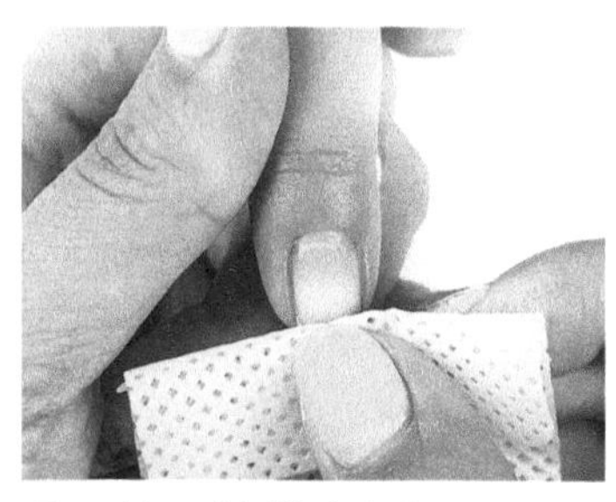

3　用 75 度酒精清洁甲面

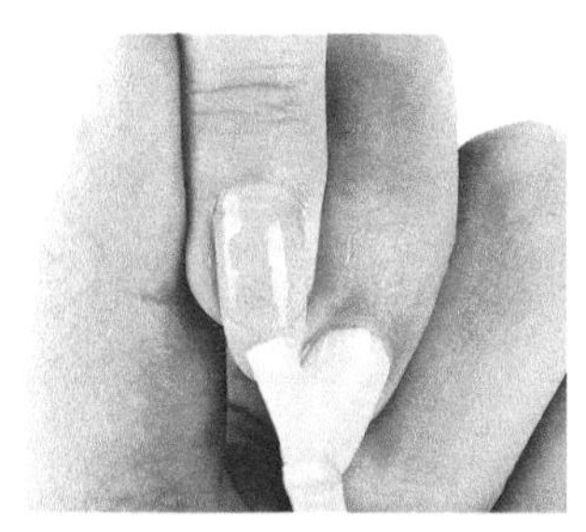

4　涂抹底胶，注意包边，照灯固化 60 秒

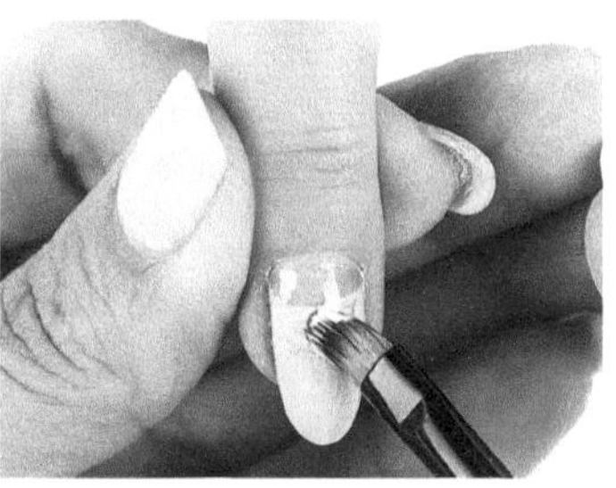

5　用光疗笔沾取适量白色甲油胶，在甲面后缘处画出光滑流畅的弧线

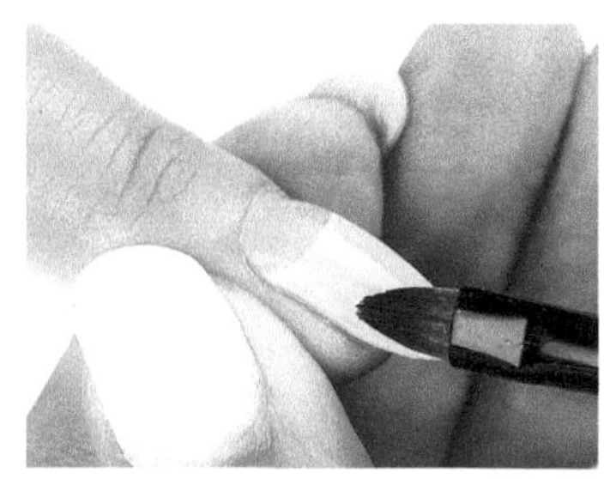

6　填充颜色，除了后缘留白部分，甲面其他部分都涂满白色

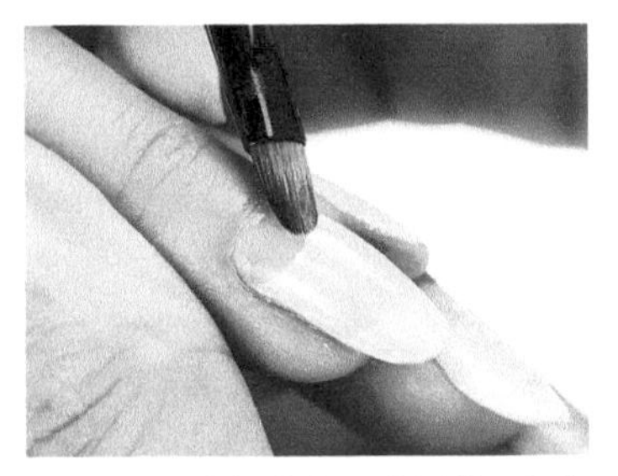

7 用光疗笔沾取 95 度酒精，修饰后缘弧线，使线条流畅、弧度饱满、边缘清晰，照灯固化 60 秒

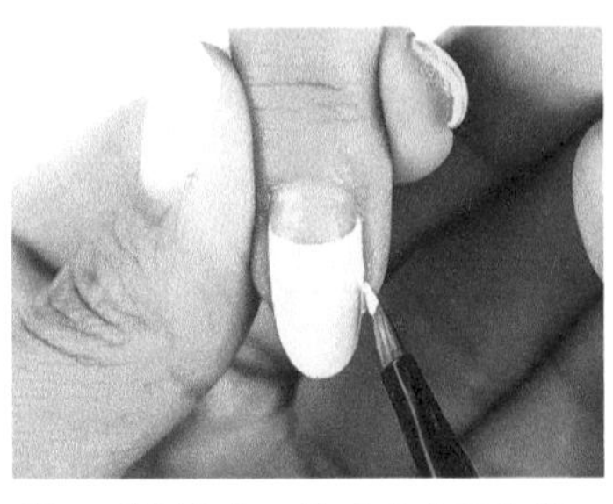

8 重复上色，使反法式线饱满，照灯固化 60 秒

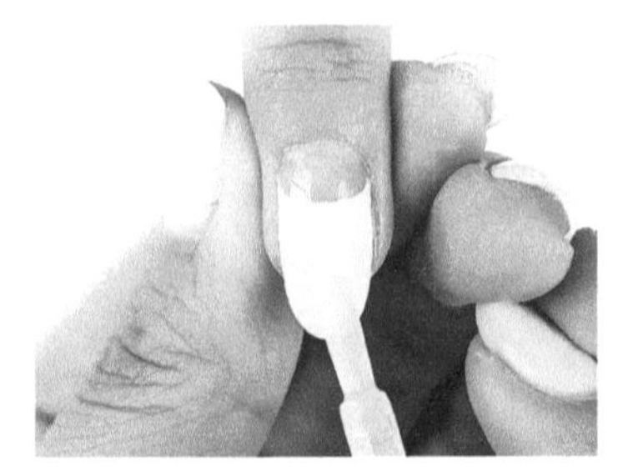

9 涂抹免洗封层，照灯固化 90 秒

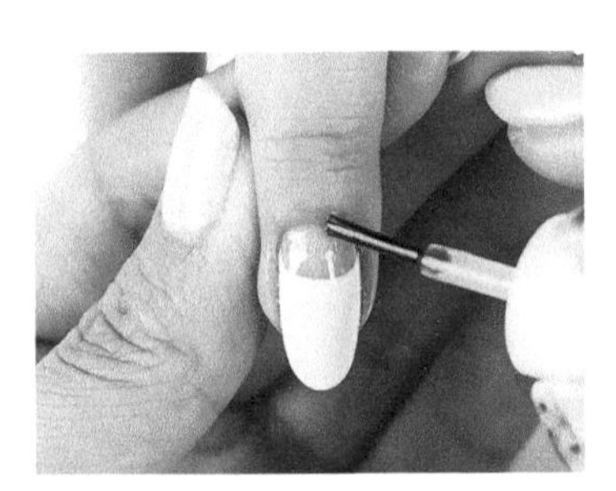

10 在甲缘处涂抹营养油

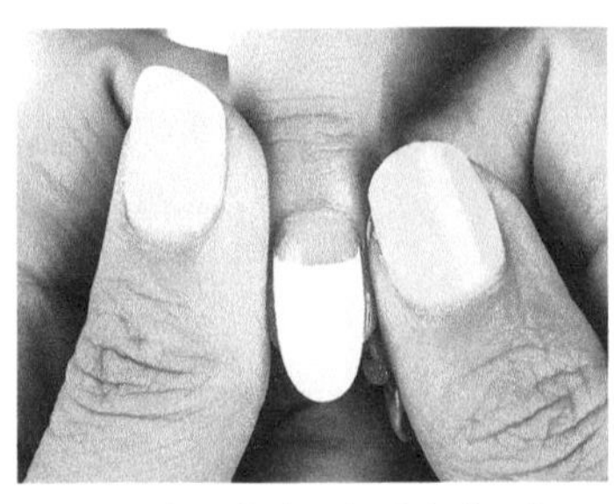

11 加以按摩，帮助皮肤吸收

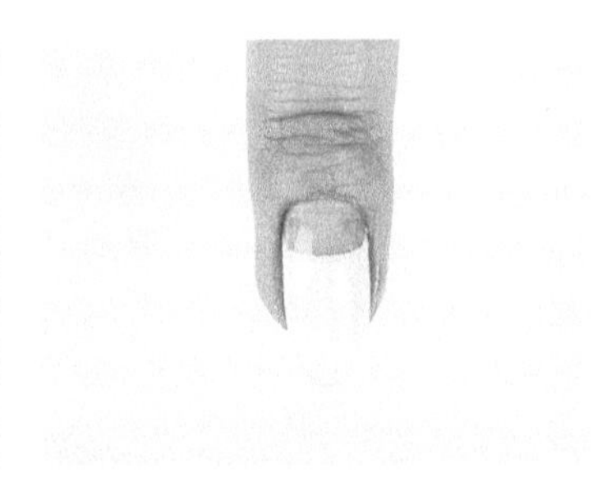

完成，后缘的弧线弧度饱满、边缘清晰

知识便签

4.5 快速光疗甲

快速光疗是指利用快速光疗美甲套装来完成光疗延长，它具备了普通甲片和光疗延长甲没有的柔软特效，质感上更接近真甲，操作起来也更简便省时。

制作快速光疗甲需要的工具和材料有：75 度酒精、95 度酒精、砂条、海绵锉、粉尘刷、底胶、快速光疗胶（图 4–4）、贴片胶水（图 4–5）、快速光疗甲片（图 4–6）、封层。

图 4–4 快速光疗胶

注：贴好甲片后涂抹于甲面，可二次加固贴片。

图 4–5 贴片胶水

注：贴片胶水用于粘贴甲片。

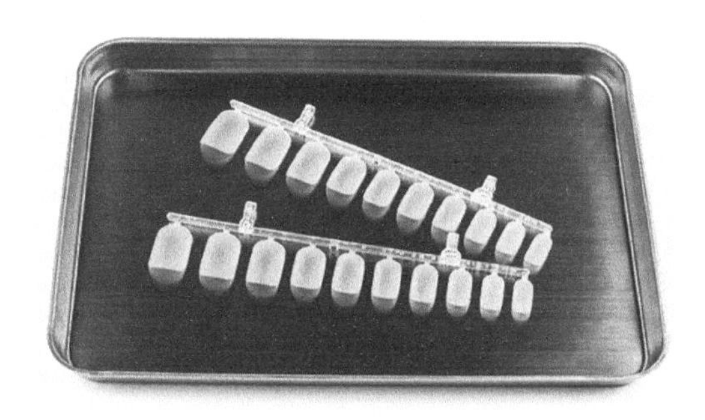

图 4–6 快速光疗甲片

注：快速光疗甲片呈透白色，甲片较薄，具有一定韧性。

制作快速光疗甲的标准流程如下。

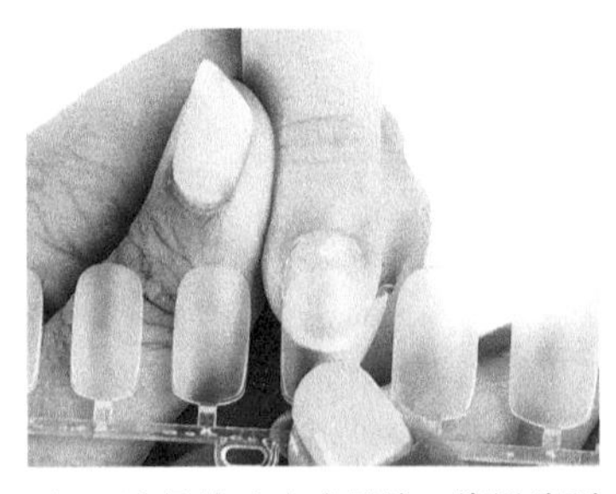

1 选择快速光疗甲片，将甲片覆盖在甲盖上，用拇指按压甲片前端，对比甲片与指甲后缘的弧度是否贴合，应选择比甲床稍宽一些的甲片

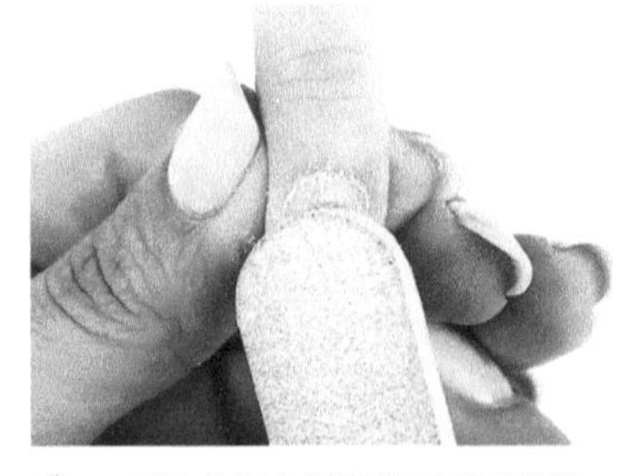

2 用砂条竖向刻磨甲面至不光滑

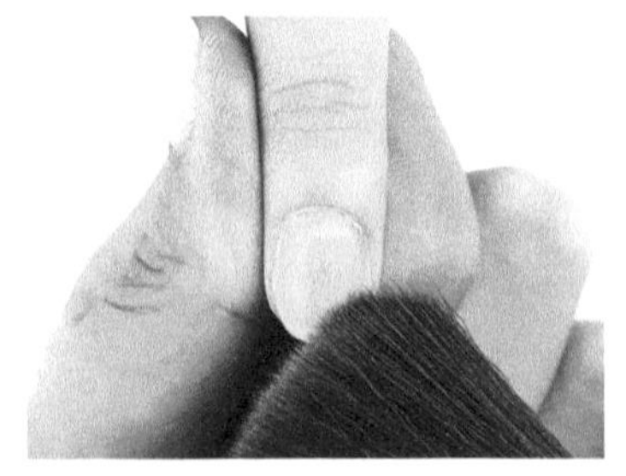

3 用粉尘刷扫除多余粉屑

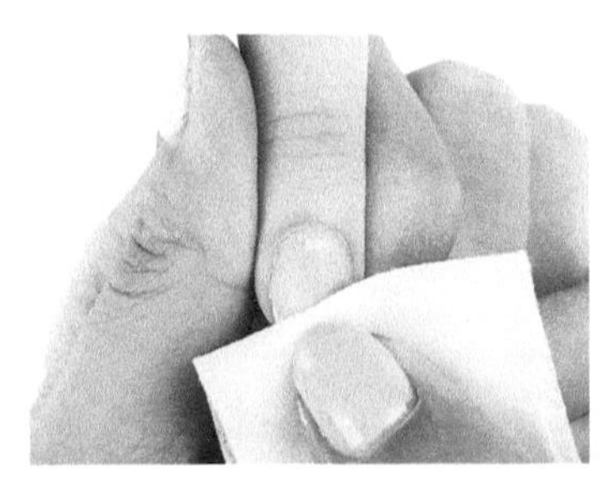

4 用75度酒精清洁甲面

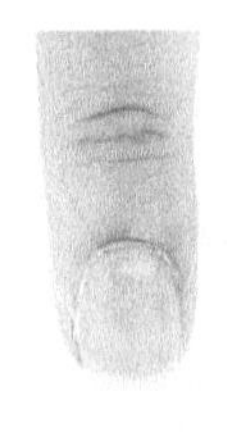

5 整理后效果

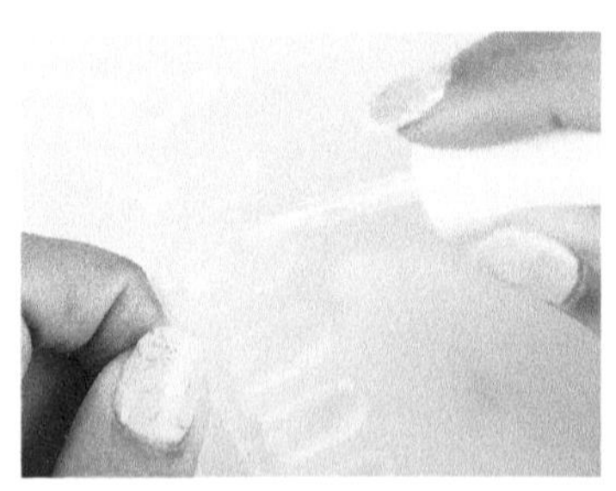

6 在甲片背面凹槽处涂抹贴片胶水，注意胶水要均匀分布到位，甲片的后端边缘要涂抹胶水，防止起翘

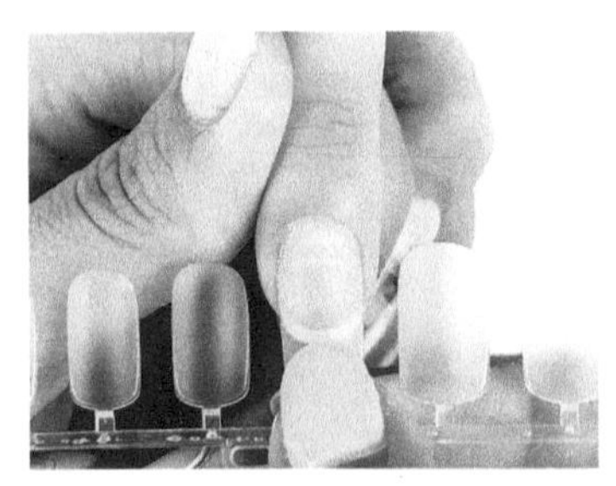

7 用甲片遮盖住2/3的真甲，向前挤压排除气泡并粘贴。注意按压甲片两侧，避免两侧起翘

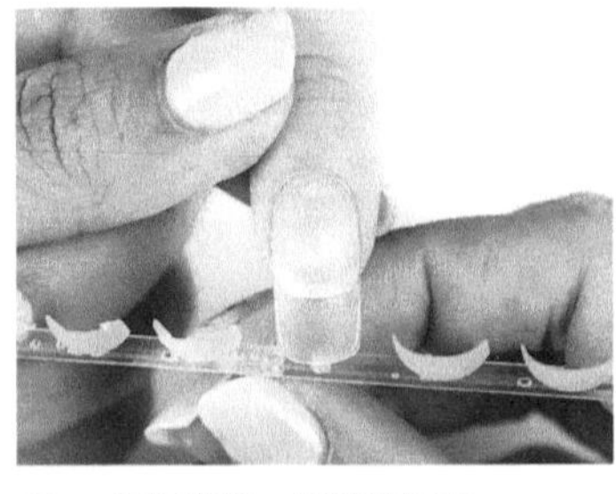

8 轻轻弯折，将甲片取下

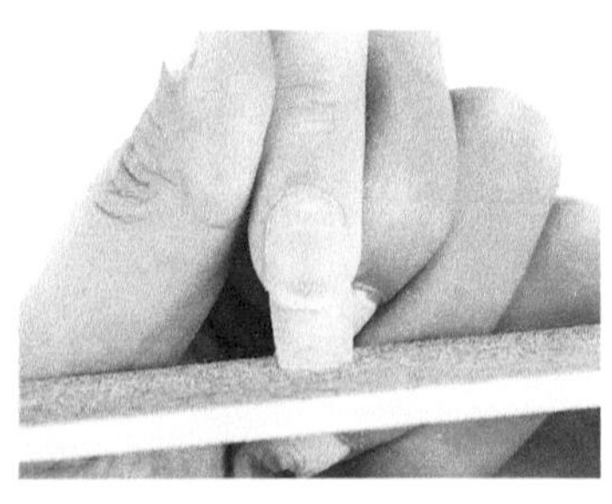

9 用砂条修磨指甲前缘

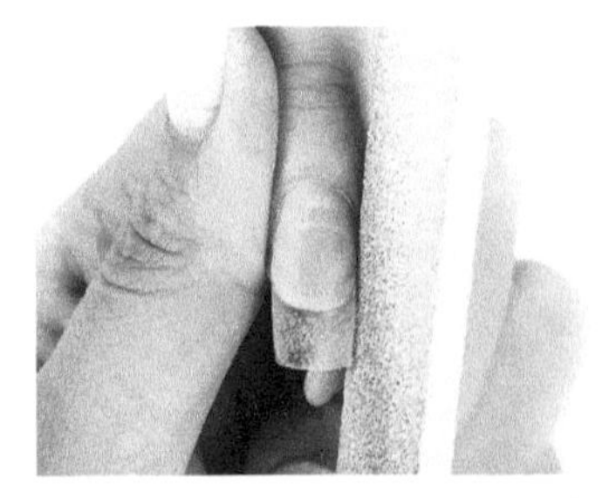

10 两侧应修磨至与本甲在同一直线上

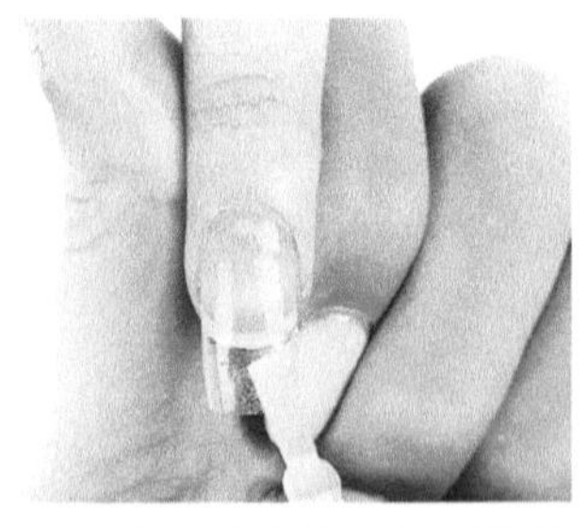

11 在接口处涂抹底胶，填补接口处凹陷，照灯固化60秒

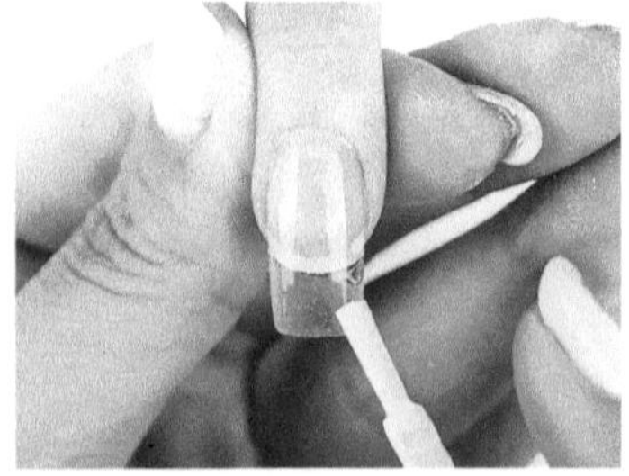

12 涂抹快速光疗胶，增加整甲硬度，照灯固化60秒

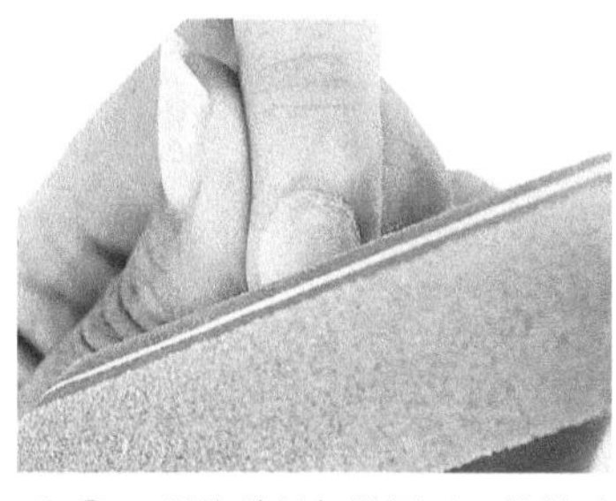

13 用海绵锉轻抛甲面，使其平整光滑

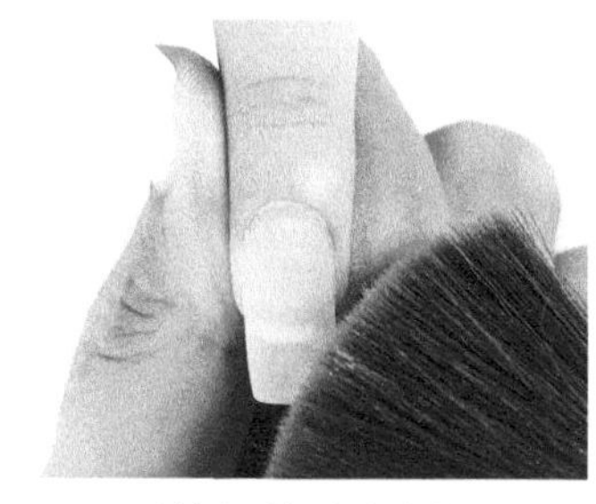

14 用粉尘刷扫除多余粉屑

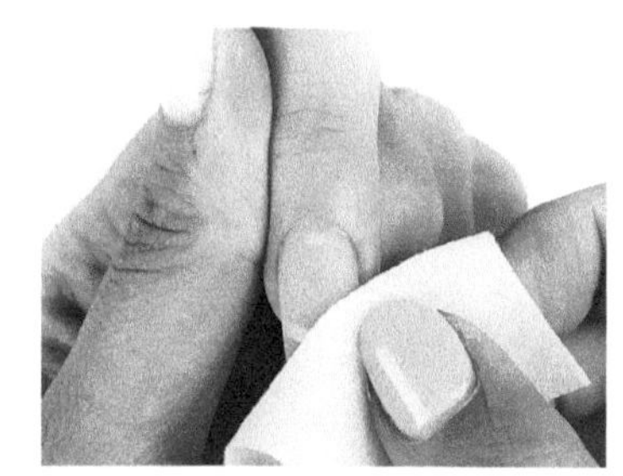

15 用 75 度酒精清洁甲面

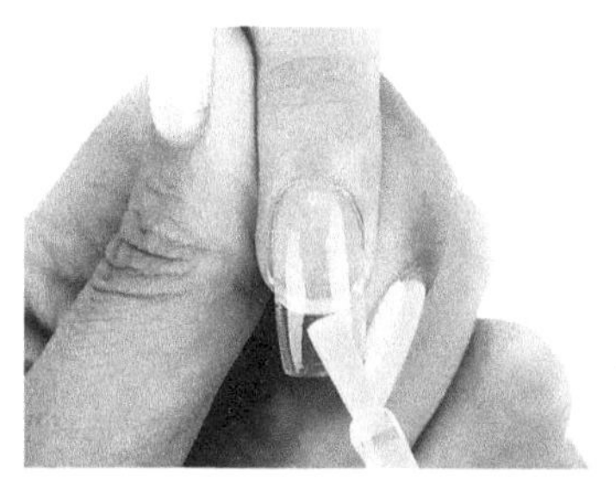

16 涂抹封层，注意包边并均匀涂抹整个甲面，照灯固化 90 秒

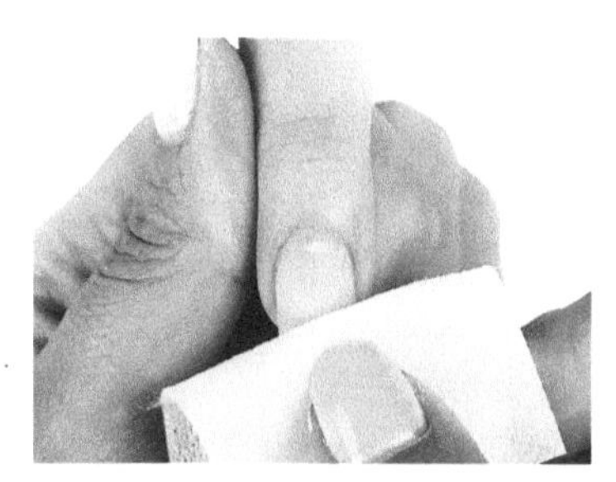

17 如果用的是擦洗封层，需要用 95 度酒精清洁浮胶

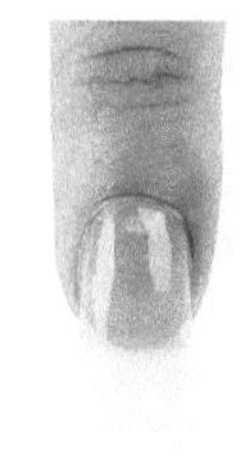

完成，甲面弧度平整自然

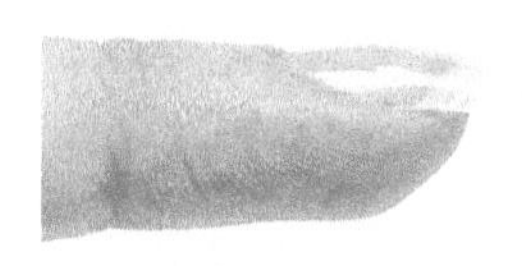

指甲弧度自然饱满，两边对称，甲面厚度适宜

知识便签

4.6 卸除光疗甲

卸除光疗甲需要的工具和材料有：75 度酒精、95 度酒精、指甲剪、砂条、海绵锉、粉尘刷、镊子、锡纸、棉花、卸甲水、死皮推。

卸除光疗甲的步骤如下。

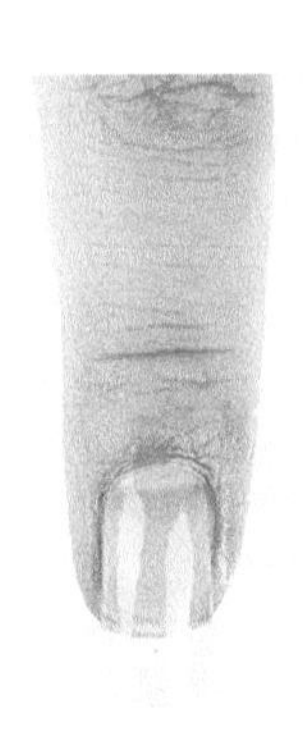

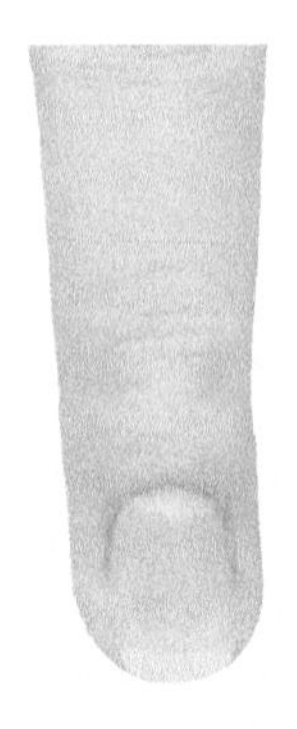

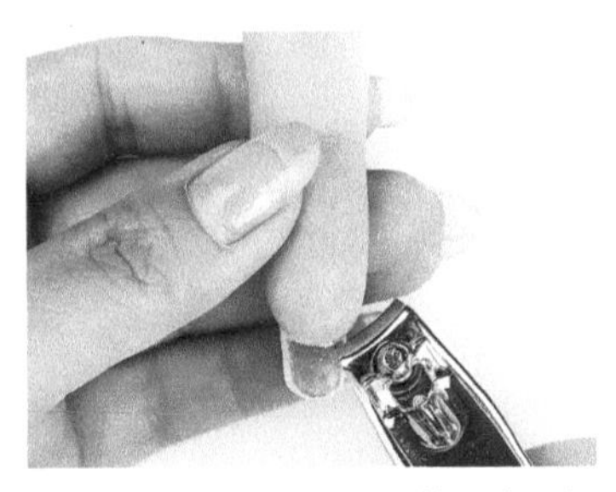

1 用指甲剪从两侧开始，将过长指甲前缘剪去，注意不要剪得太靠近指尖

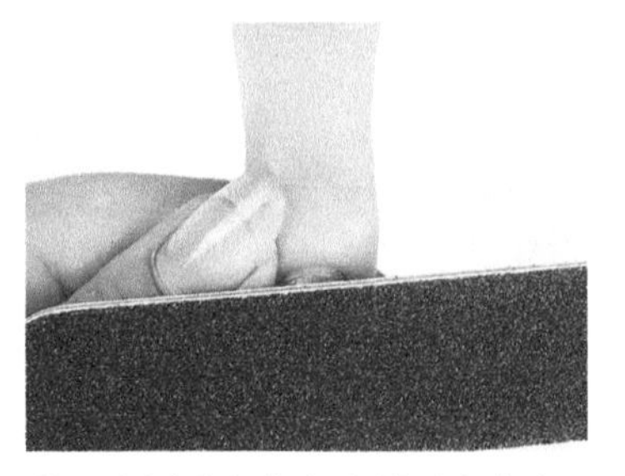

2 用砂条轻轻打磨甲面光疗胶，避免伤及本甲

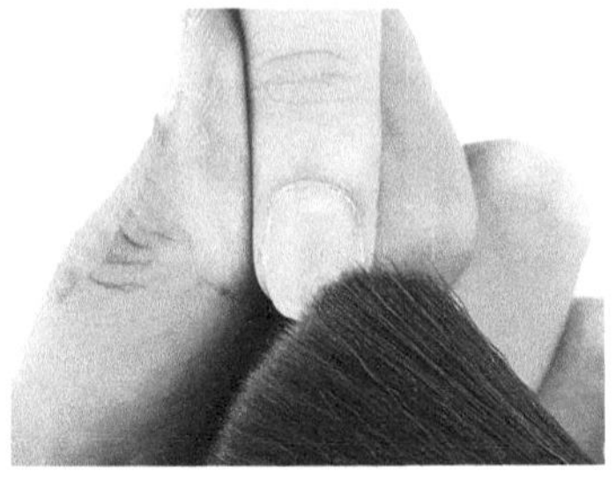

3 用粉尘刷扫除多余粉屑

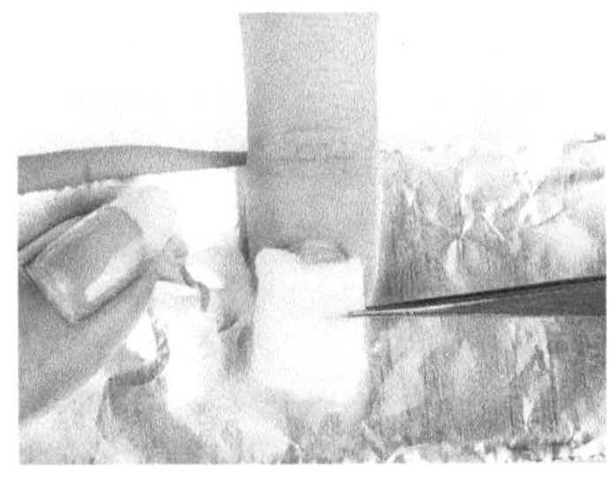

4 用镊子把沾有足量卸甲水的棉花放在甲面上，注意棉花要完全覆盖甲面

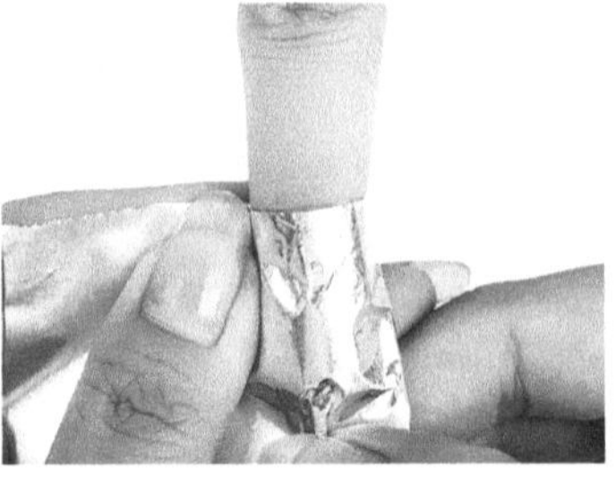

5 用锡纸将棉花包裹起来，注意密封好

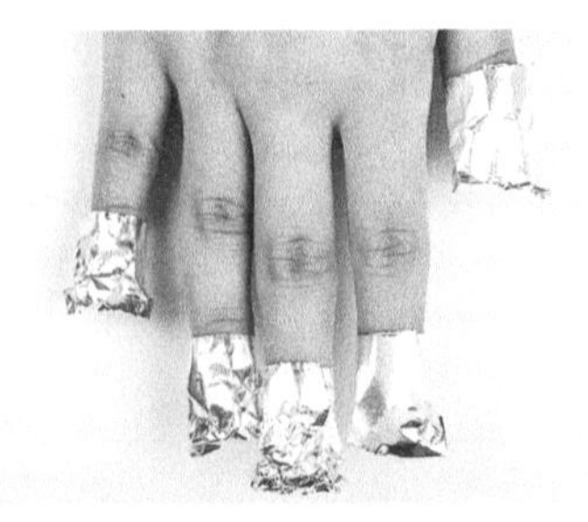

6 等待 5 ~ 10 分钟

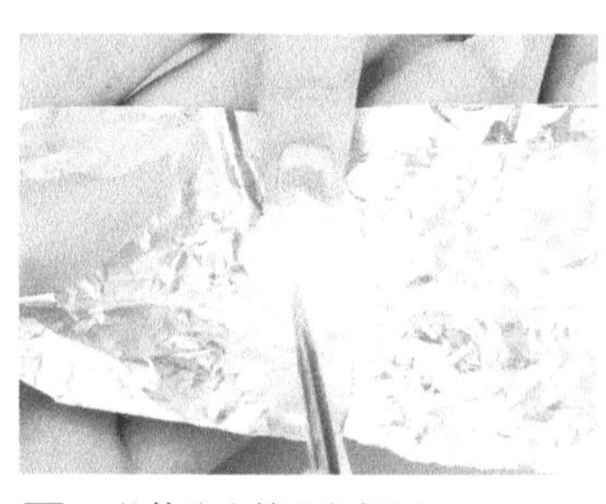

7　整体取出棉花与锡纸

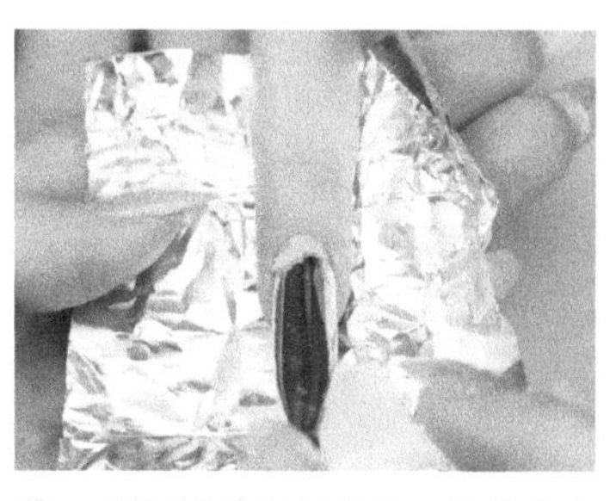

8　用死皮推轻轻推除已软化的光疗甲

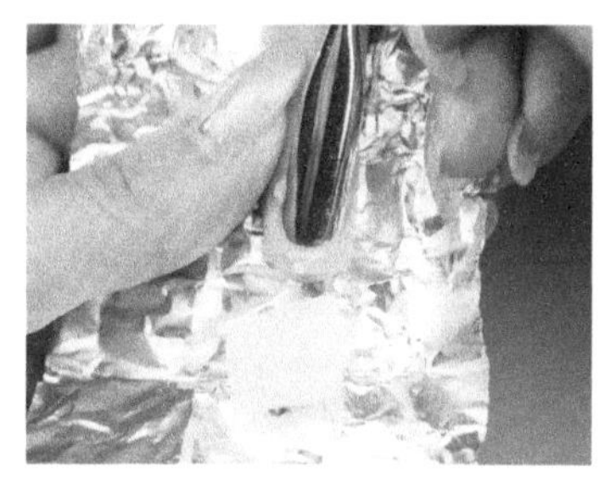

9　注意指甲两侧也要推除到位，再往前缘处推剩下的部分

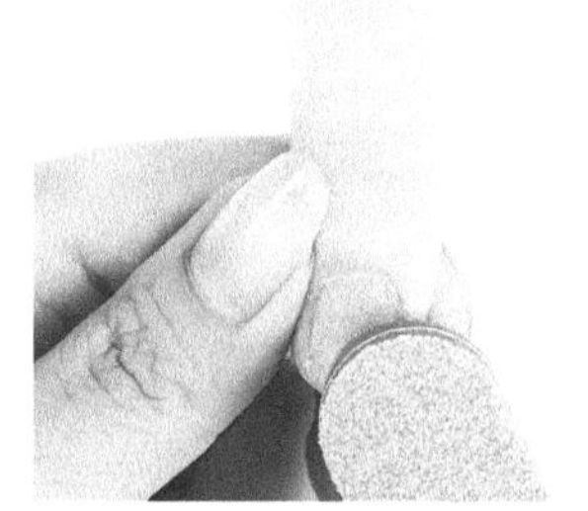

10　用海绵锉轻轻抛磨甲面上残余的光疗胶

11　用粉尘刷扫除多余粉屑

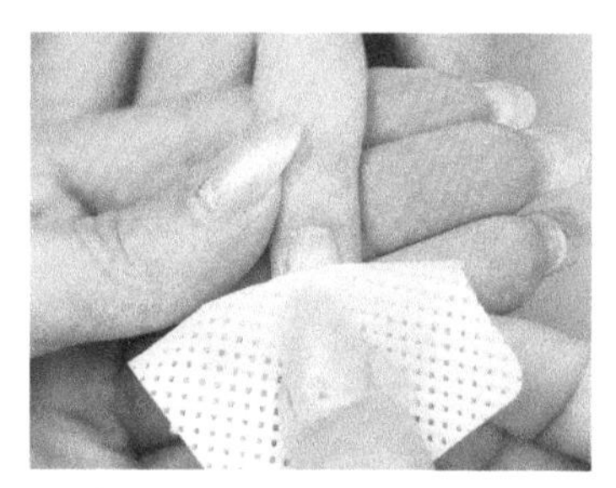

12　用 75 度酒精清洁甲面

完成

知识便签

第 5 章 主题彩绘

5.1 彩绘的产品和工具
5.2 圆笔彩绘
5.3 小笔彩绘
5.4 新娘甲
5.5 蕾丝甲
5.6 多色渐变

彩绘的技法众多，美甲师应根据客户不同的场景需要，设计出适宜的美甲款式，本章中将详细说明新娘甲、蕾丝甲、多色渐变、圆笔花彩绘、小笔彩绘等，以满足各位美甲师日常彩绘的需求。希望美甲师多多练习并掌握好彩绘这项重要的技法。

5.1 彩绘的产品和工具

彩绘常用的产品和工具有：圆笔、小笔、点珠笔、彩绘胶。

（1）圆笔

圆笔常用于绘画较圆润的花瓣及叶子，如图 5–1 所示。

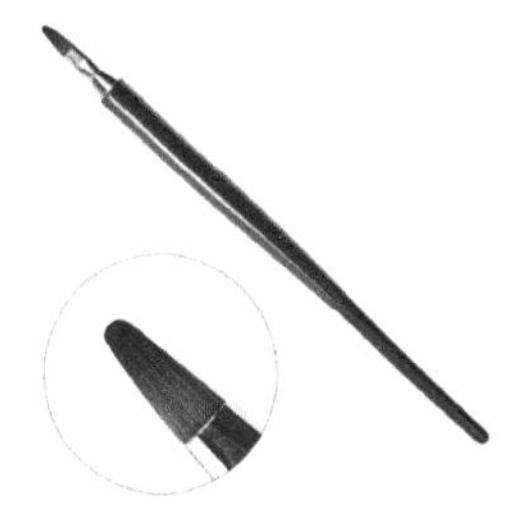

图 5–1 圆笔

（2）小笔

小笔常用于线条的勾勒与精细花朵的彩绘，如图 5–2 所示。

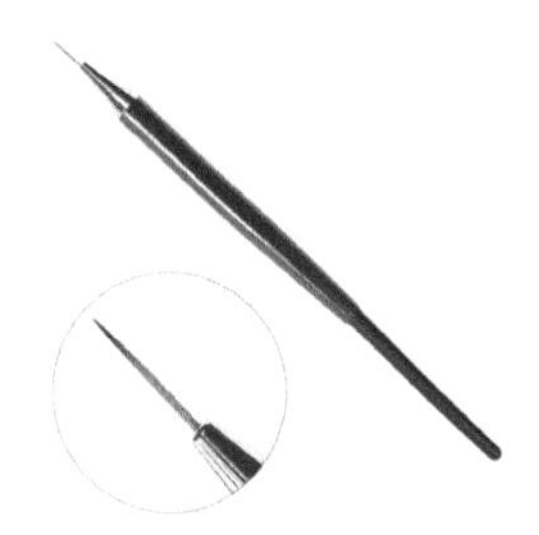

图 5–2 小笔

（3）点珠笔

点珠笔两头为大小不同的圆珠，可用于点出圆点或沾取黏合胶，如图 5–3 所示。

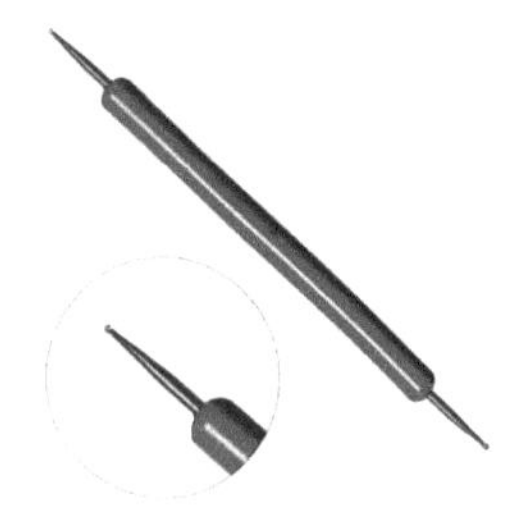

图 5–3 点珠笔

（4）彩绘胶

彩绘胶具有多种颜色，可以绘制不同的彩绘款式，如图 5–4 所示。

图 5–4 彩绘胶

5.2 圆笔彩绘

5.2.1 圆笔雏菊画法

圆笔画雏菊需要的工具和材料有：圆笔、蓝色甲油胶、白色彩绘胶、黄色彩绘胶、免洗封层、小笔。

圆笔画雏菊的步骤如下。

3-1

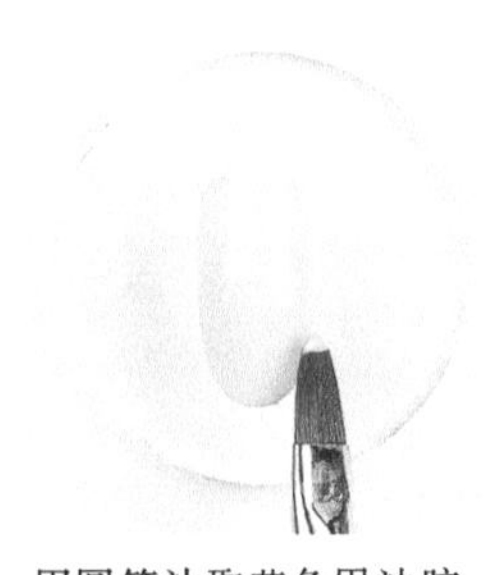

1 用圆笔沾取蓝色甲油胶，为甲面打底，照灯固化 60 秒

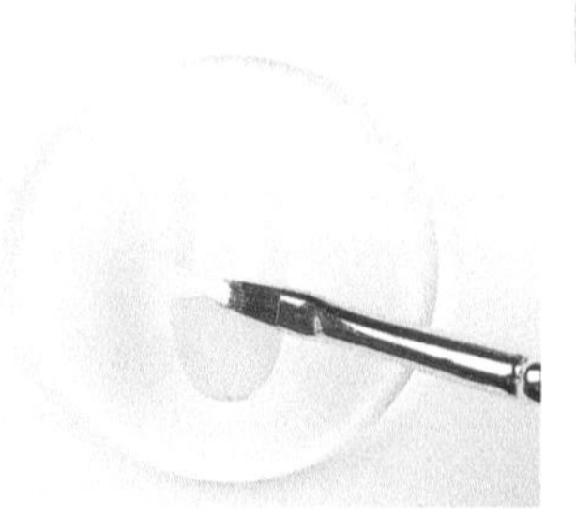

2 用圆笔沾取白色彩绘胶，画出细长花瓣

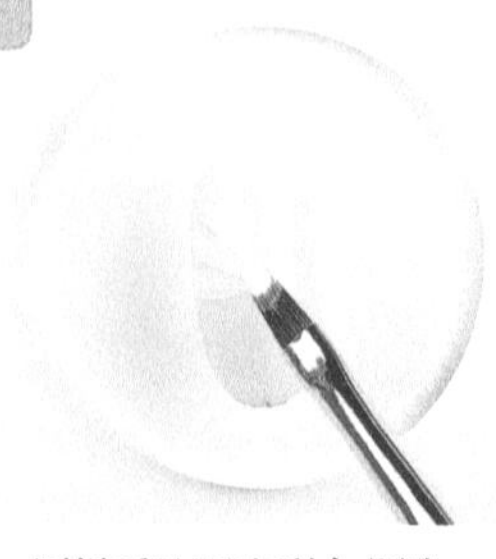

3 同样手法画出剩余花瓣

3-2

4　注意花朵比例整体协调

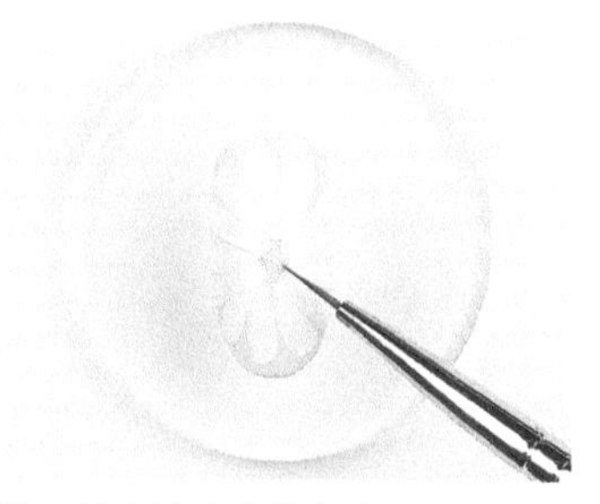

5　用小笔沾取黄色彩绘胶，涂抹在花瓣中心，画出花芯，照灯固化 60 秒

涂抹免洗封层，照灯固化 90 秒，完成

知识便签

5.2.2 圆笔碎花画法

圆笔画碎花需要的工具和材料有：圆笔、红色甲油胶、白色彩绘胶、黄色彩绘胶、免洗封层、小笔。

圆笔画碎花的步骤如下。

1 用圆笔沾取红色甲油胶，为甲面打底，照灯固化 60 秒

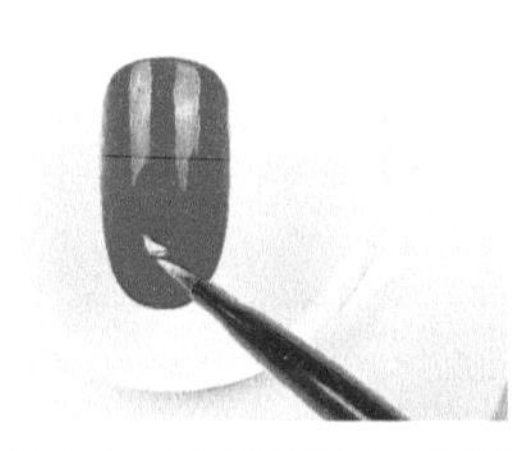

2 用圆笔沾取白色彩绘胶，利用笔尖侧面往左轻压，画出半片花瓣

3 同样手法往右轻压笔尖，画出另一半花瓣

4-1

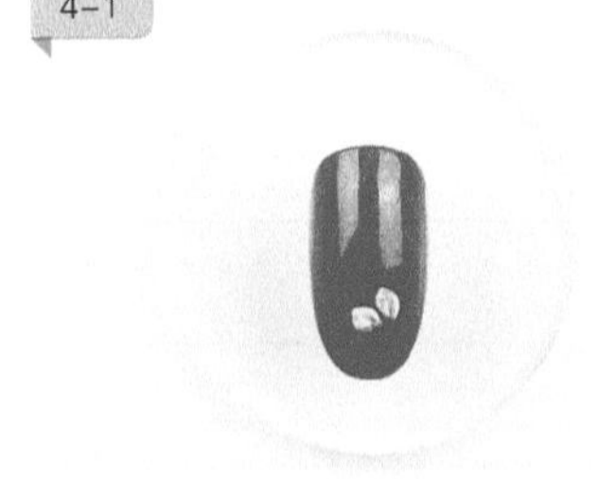

4-2

4 同样手法画出剩余花瓣

5-1

5 画出其余小碎花，装饰甲面

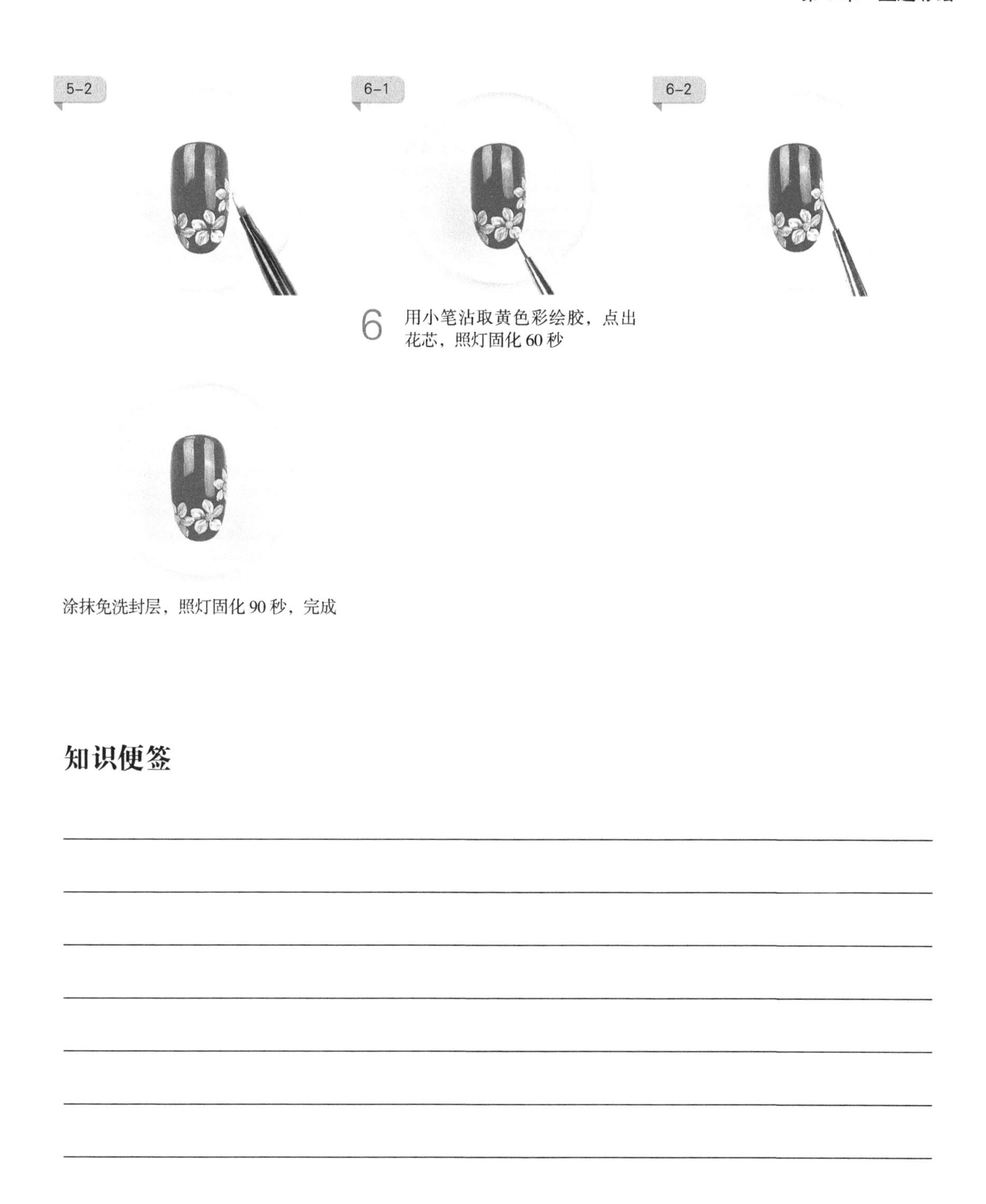

6 用小笔沾取黄色彩绘胶，点出花芯，照灯固化 60 秒

涂抹免洗封层，照灯固化 90 秒，完成

知识便签

5.2.3 圆笔百合画法

圆笔画百合需要的工具和材料有：圆笔、小笔、粉红色甲油胶、裸色甲油胶、白色彩绘胶、绿色彩绘胶、黄色彩绘胶、粉色亮片甲油胶、免洗封层。

圆笔画百合步骤如下。

1 用圆笔沾取粉红色甲油胶，为甲面打底，照灯固化 60 秒

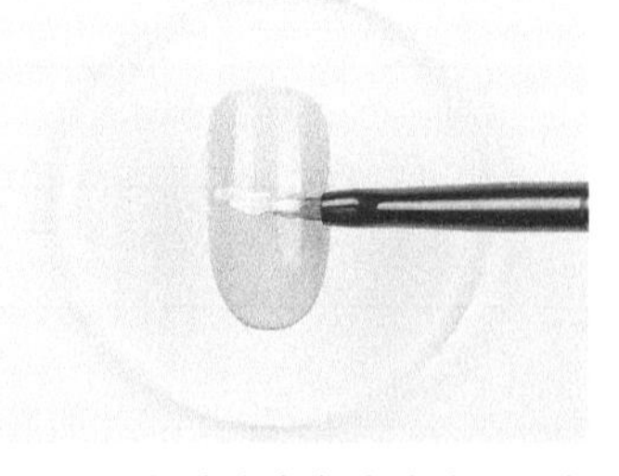

2 用圆笔沾取白色彩绘胶，画出稍有弧度的细长花瓣

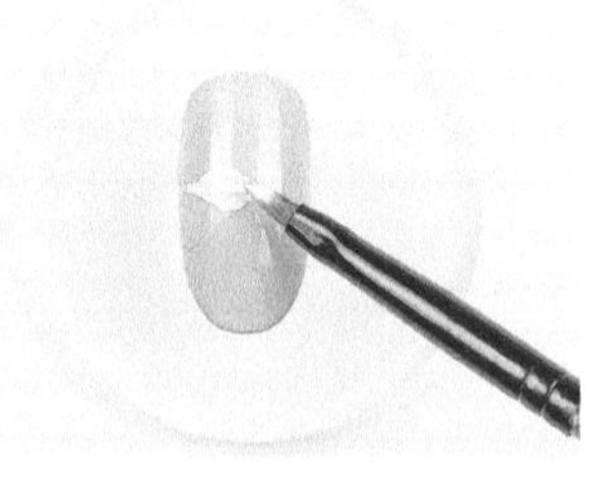

3 同样手法画出另一半花瓣，并修饰圆润

4-1

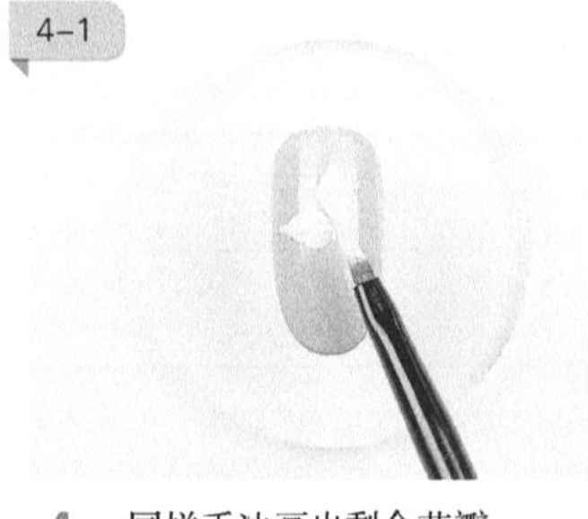

4-2

4 同样手法画出剩余花瓣

5-1

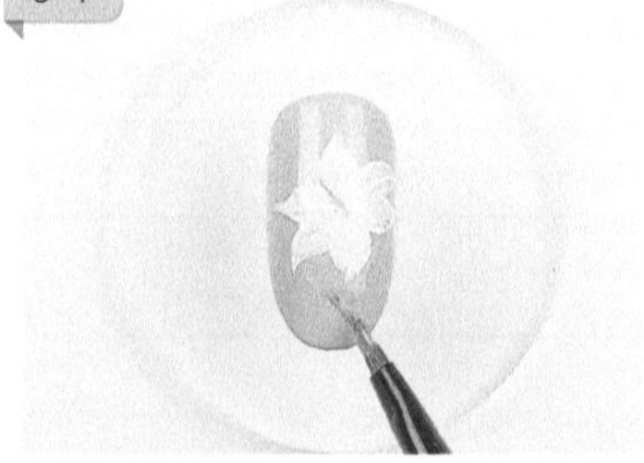

5 用圆笔沾取绿色彩绘胶，在花朵下方画出细长叶片与枝干

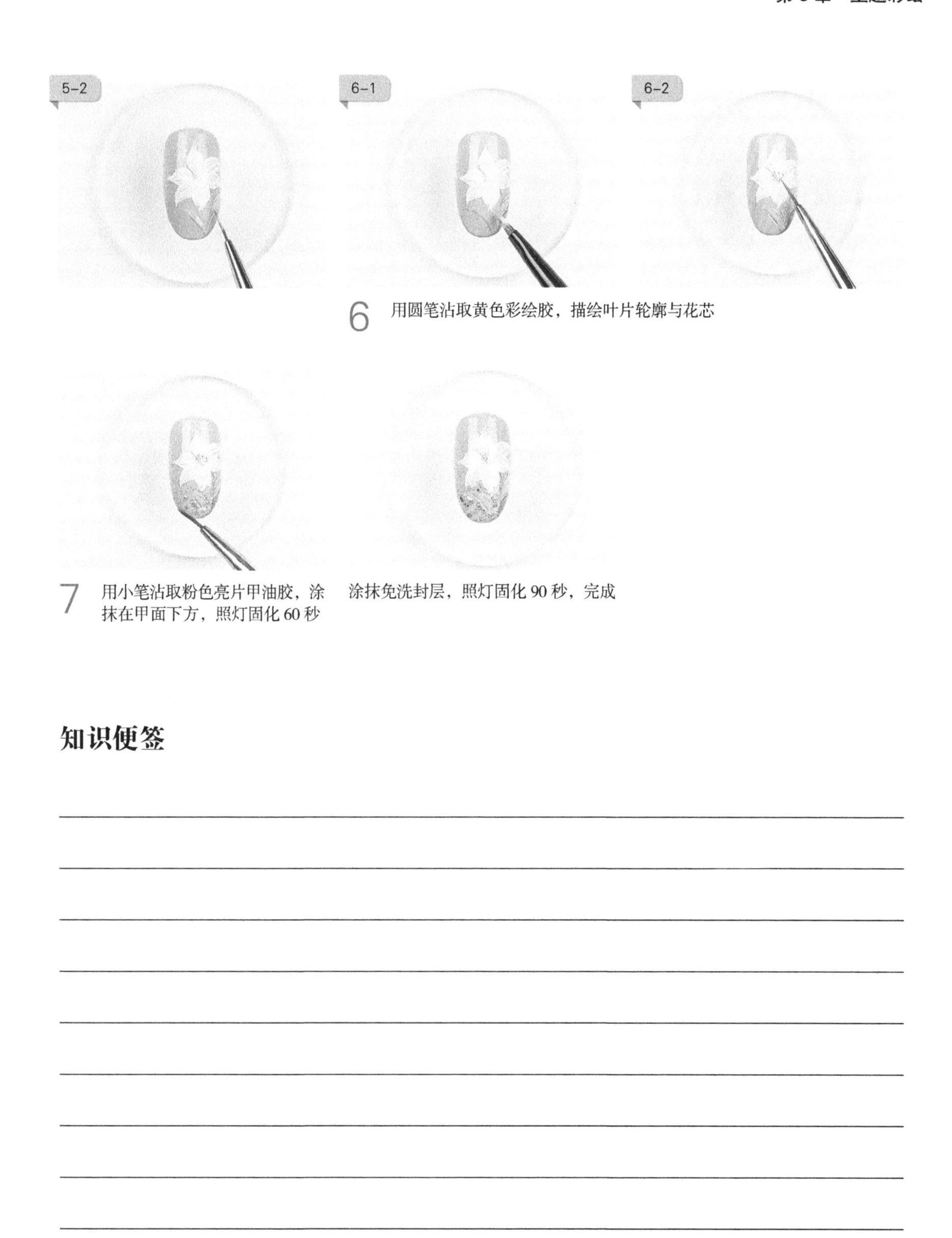

6　用圆笔沾取黄色彩绘胶，描绘叶片轮廓与花芯

7　用小笔沾取粉色亮片甲油胶，涂抹在甲面下方，照灯固化 60 秒

涂抹免洗封层，照灯固化 90 秒，完成

知识便签

5.3 小笔彩绘

5.3.1 双色小花画法

双色画小花需要的工具和材料有：蓝色甲油胶、白色彩绘胶、黑色彩绘胶、小笔、圆笔、免洗封层、光疗胶、镊子、贴纸、钻饰。

双色画小花的步骤如下。

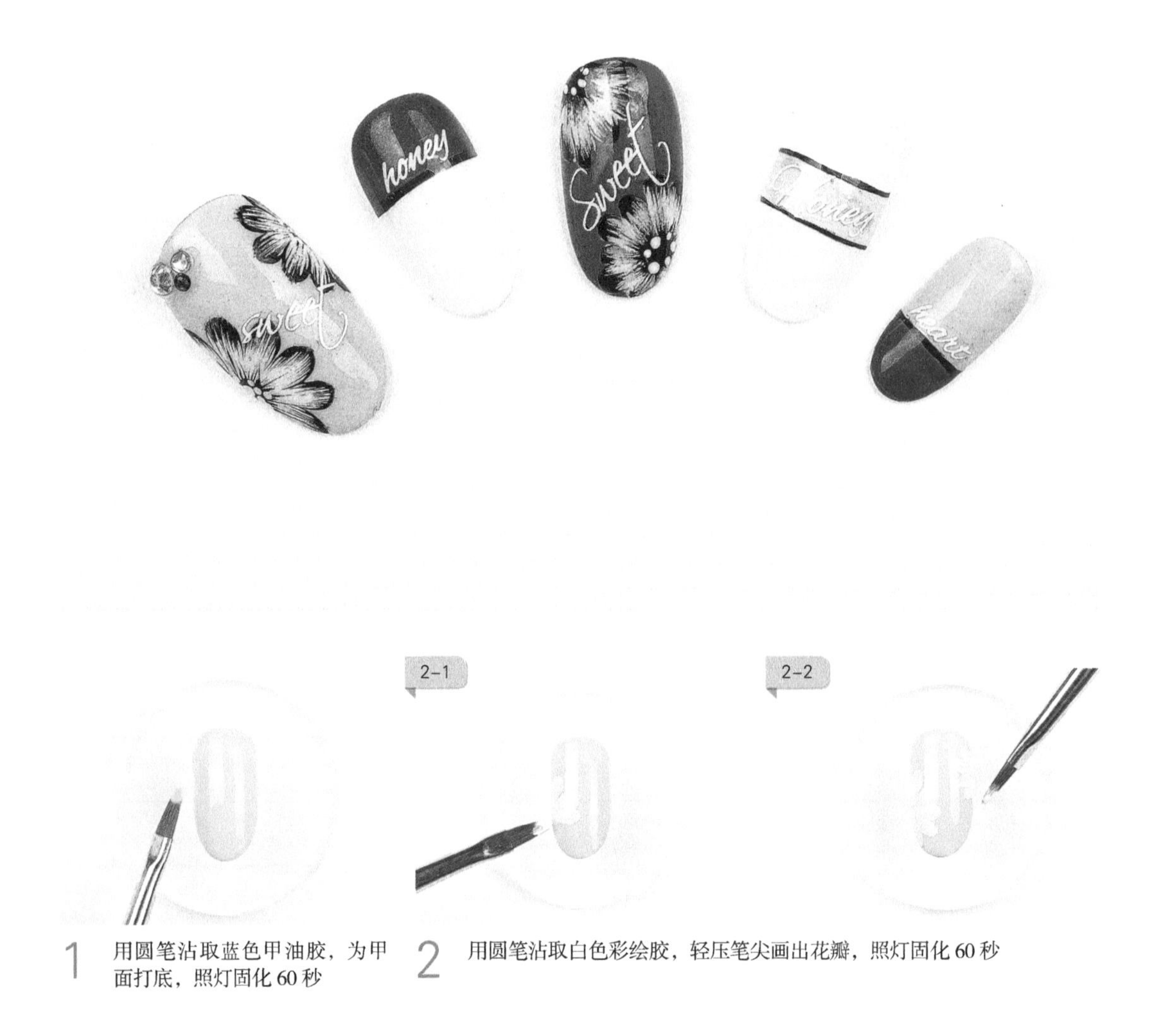

1 用圆笔沾取蓝色甲油胶，为甲面打底，照灯固化 60 秒

2 用圆笔沾取白色彩绘胶，轻压笔尖画出花瓣，照灯固化 60 秒

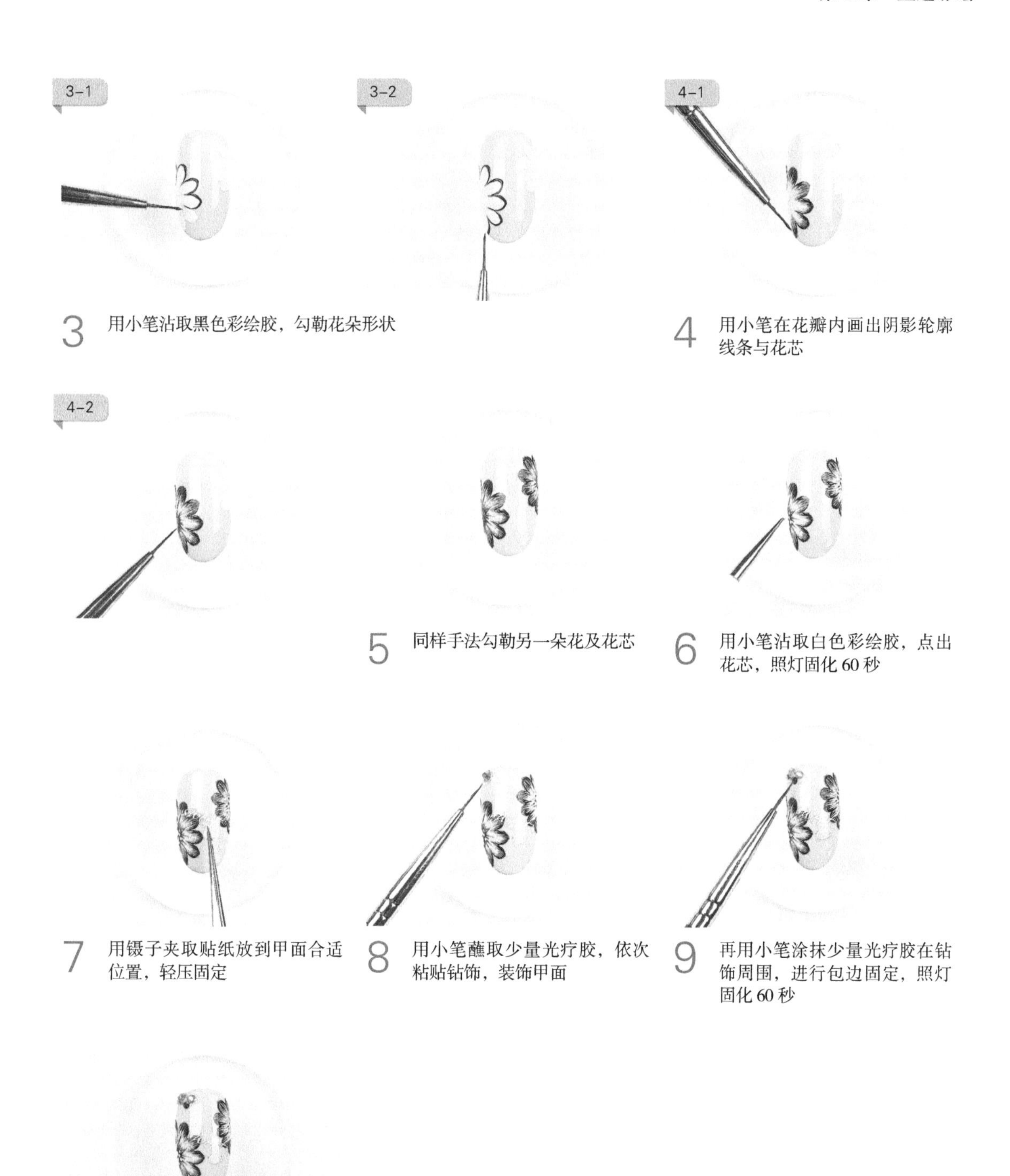

3　用小笔沾取黑色彩绘胶，勾勒花朵形状

4　用小笔在花瓣内画出阴影轮廓线条与花芯

5　同样手法勾勒另一朵花及花芯

6　用小笔沾取白色彩绘胶，点出花芯，照灯固化 60 秒

7　用镊子夹取贴纸放到甲面合适位置，轻压固定

8　用小笔蘸取少量光疗胶，依次粘贴钻饰，装饰甲面

9　再用小笔涂抹少量光疗胶在钻饰周围，进行包边固定，照灯固化 60 秒

涂抹免洗封层，照灯固化 90 秒，完成

5.3.2 间色格纹画法

间色格纹需要的工具和材料有：圆笔、白色甲油胶、黑色彩绘胶、格纹笔、小笔、铆钉、光疗胶、免洗封层。

间色格纹的制作步骤如下。

1 用圆笔沾取白色甲油胶，为甲面打底，照灯固化 60 秒

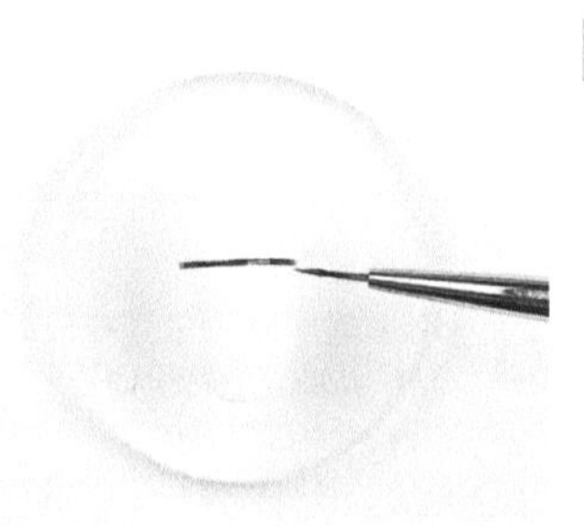

2 用小笔沾取黑色彩绘胶在甲面上方 1/3 处画一条水平直线

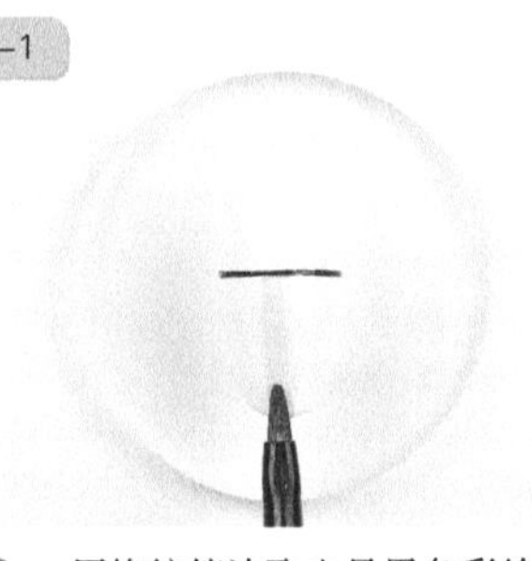

3 用格纹笔沾取少量黑色彩绘胶，轻轻画出平行的竖条纹

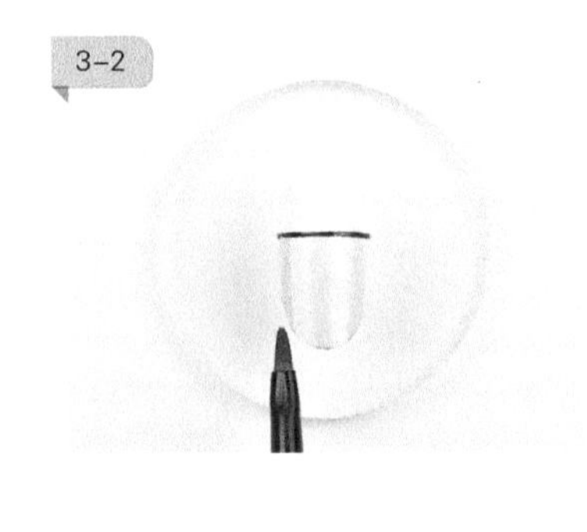

4-1

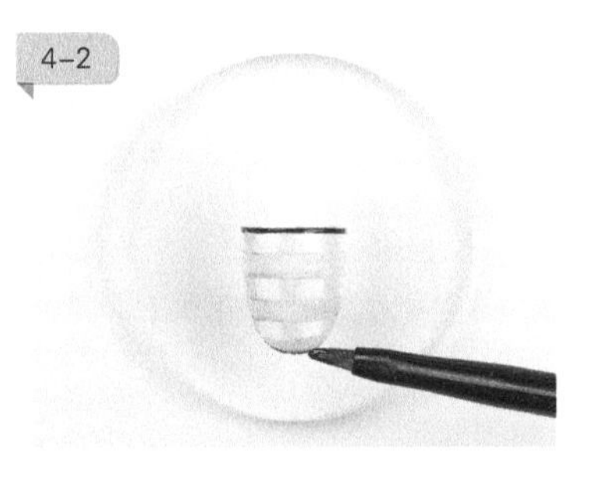

4 同样手法画出平行的横条纹

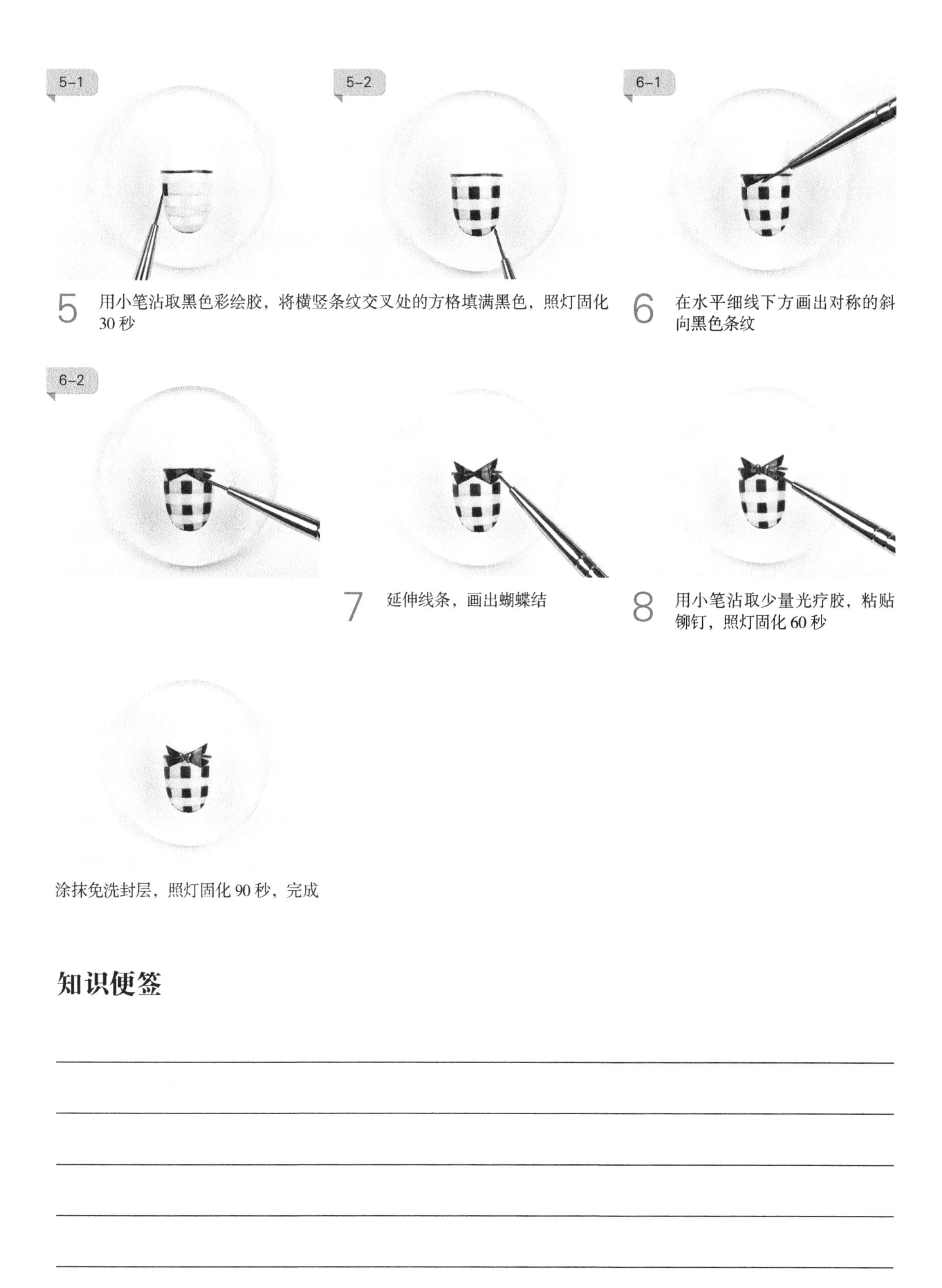

5　用小笔沾取黑色彩绘胶，将横竖条纹交叉处的方格填满黑色，照灯固化30 秒

6　在水平细线下方画出对称的斜向黑色条纹

7　延伸线条，画出蝴蝶结

8　用小笔沾取少量光疗胶，粘贴铆钉，照灯固化 60 秒

涂抹免洗封层，照灯固化 90 秒，完成

知识便签

5.4 新娘甲

5.4.1 细格纹新娘甲

制作细格纹新娘甲需要的工具和材料有：粉色甲油胶、金色闪粉甲油胶、白色彩绘胶、小笔、圆笔、免洗封层。

细格纹新娘甲的制作步骤如下。

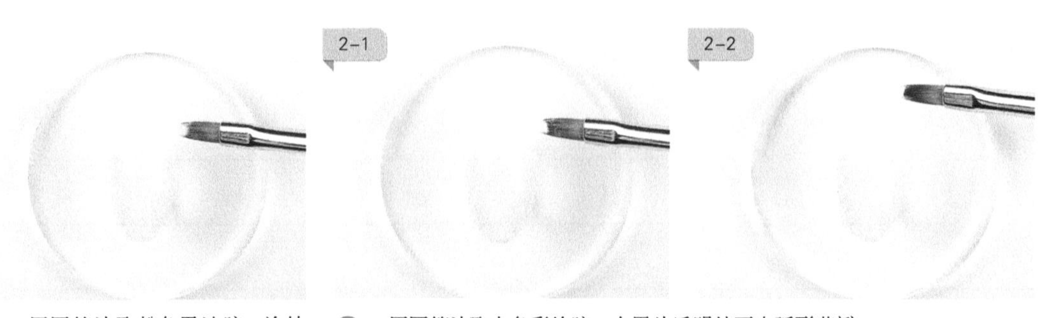

1 用圆笔沾取粉色甲油胶，涂抹在甲面后半部

2 用圆笔沾取白色彩绘胶，在甲片透明处画出弧形花瓣

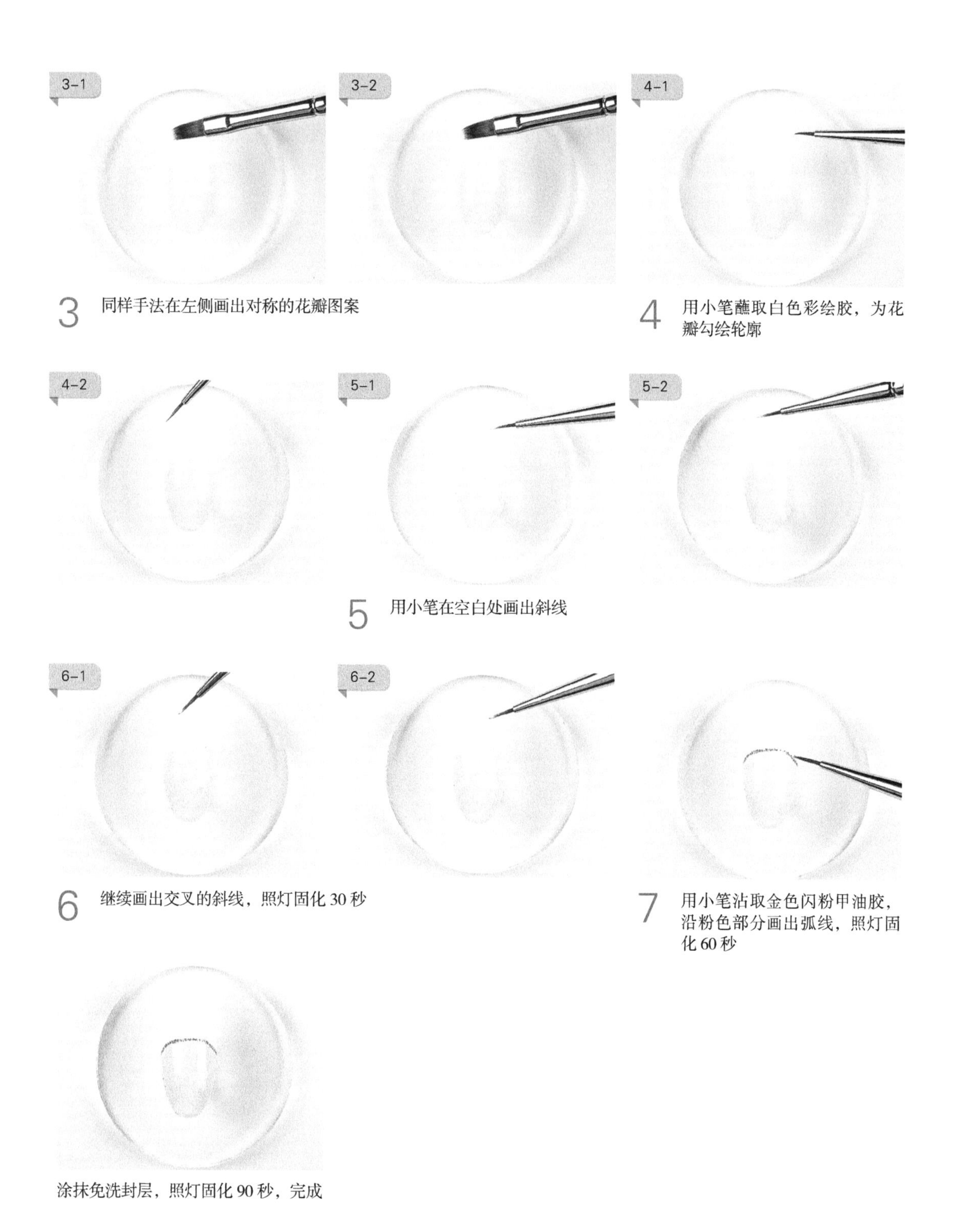

3　同样手法在左侧画出对称的花瓣图案

4　用小笔蘸取白色彩绘胶，为花瓣勾绘轮廓

5　用小笔在空白处画出斜线

6　继续画出交叉的斜线，照灯固化 30 秒

7　用小笔沾取金色闪粉甲油胶，沿粉色部分画出弧线，照灯固化 60 秒

涂抹免洗封层，照灯固化 90 秒，完成

5.4.2 玫瑰新娘甲

制作玫瑰新娘甲需要的工具和材料有：白色彩绘胶、小笔、免洗封层。

玫瑰新娘甲的制作步骤如下。

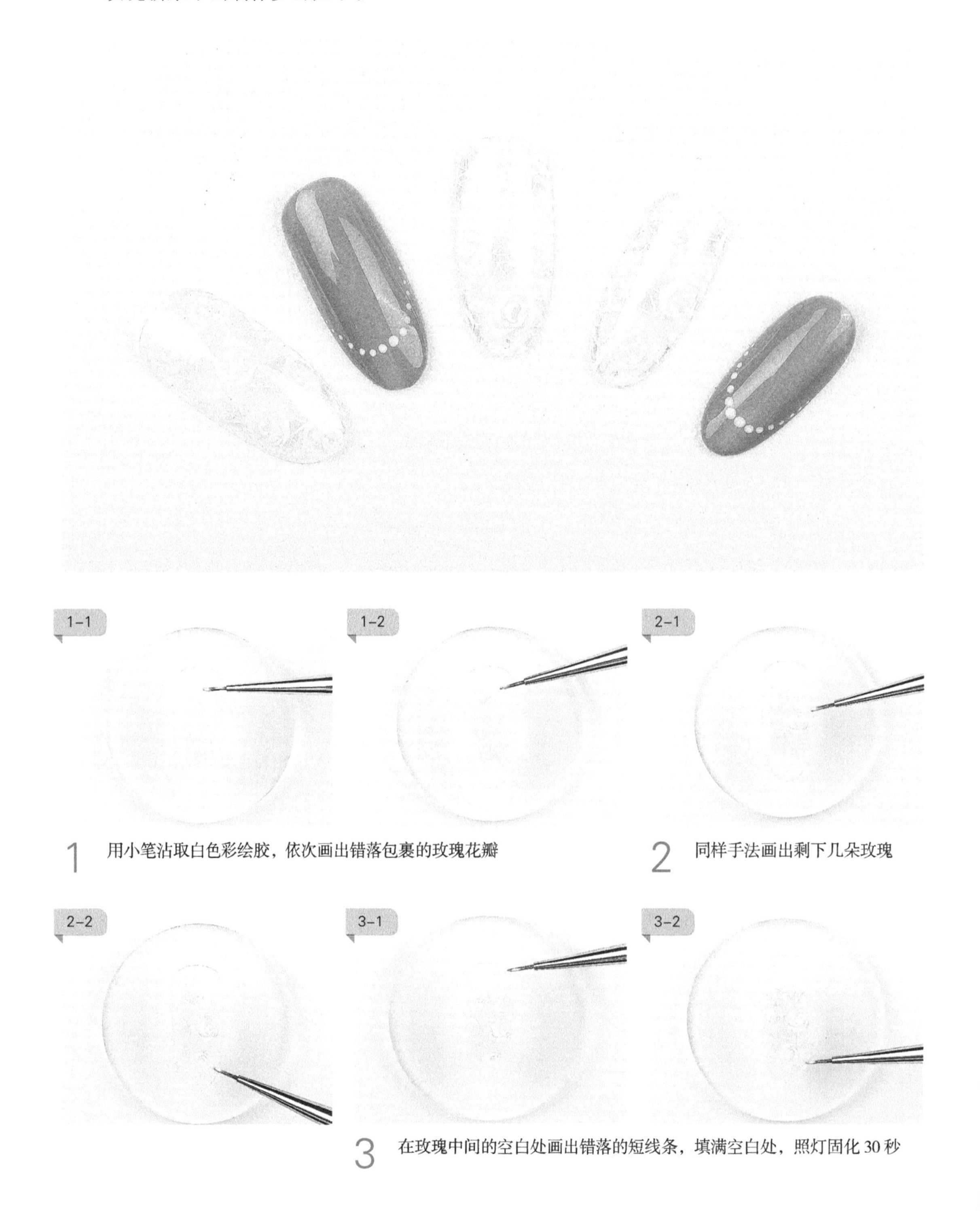

1 用小笔沾取白色彩绘胶，依次画出错落包裹的玫瑰花瓣

2 同样手法画出剩下几朵玫瑰

3 在玫瑰中间的空白处画出错落的短线条，填满空白处，照灯固化30秒

涂抹免洗封层，照灯固化 90 秒，完成

知识便签

5.4.3 桃花新娘甲

制作桃花新娘甲需要的工具和材料有：裸色甲油胶、白色甲油胶、白色彩绘胶、圆笔、光疗笔、小笔、免洗封层。

桃花新娘甲的制作步骤如下。

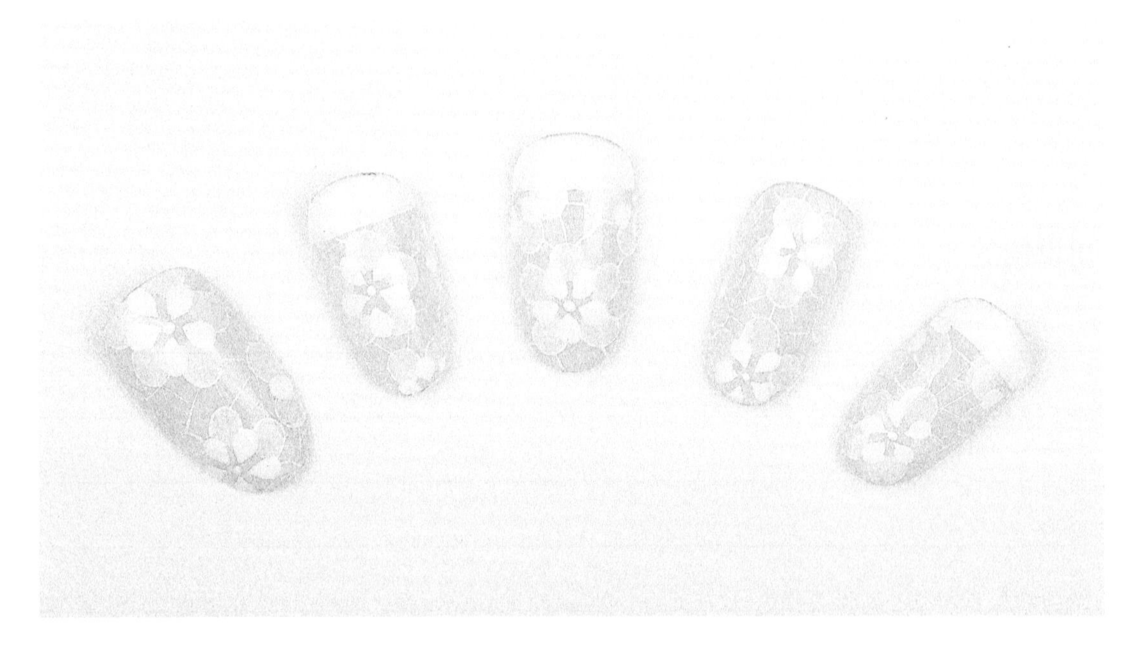

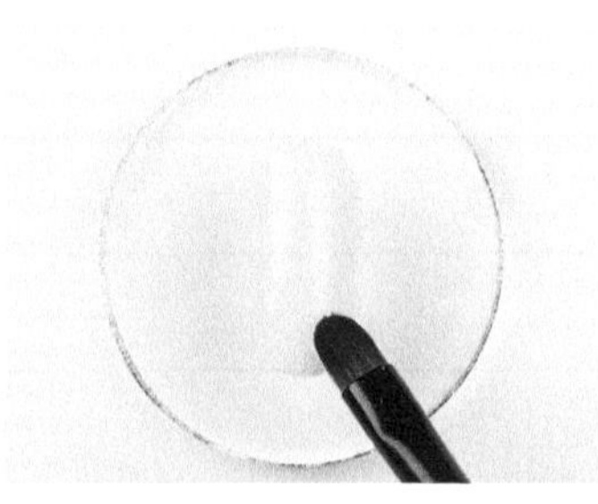

1 用光疗笔沾取裸色甲油胶，为甲面打底，照灯固化 60 秒

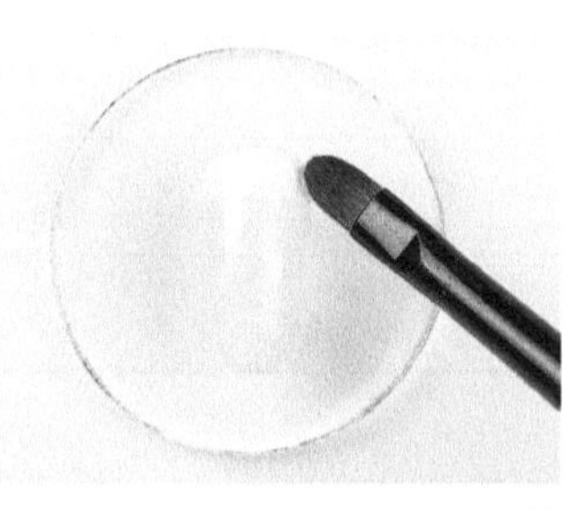

2 用光疗笔沾取白色甲油胶涂抹在甲面上半部分约 1/5 处

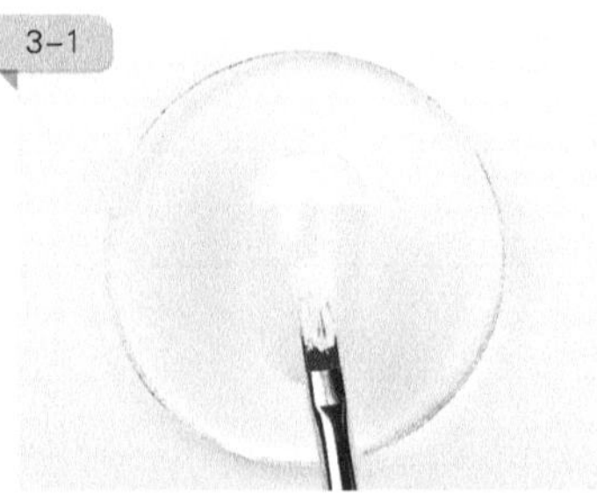

3 用圆笔沾取白色甲油胶，画出桃花的花瓣

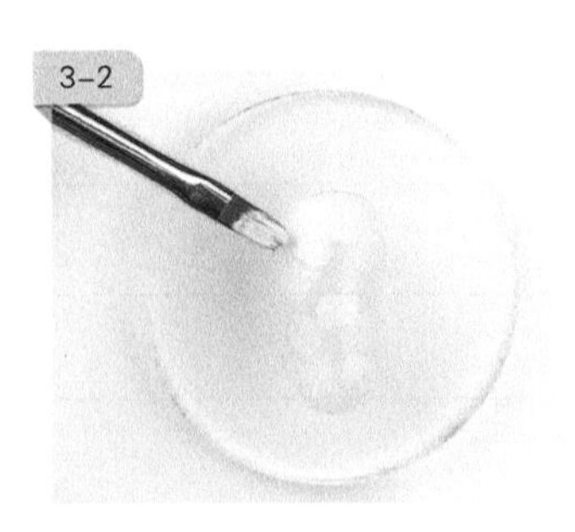

4 用小笔沾取白色彩绘胶，在交错的位置画出内侧的小花瓣

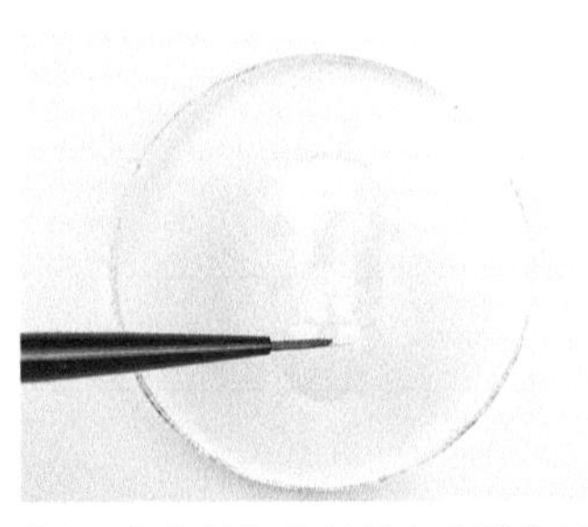

5 小花瓣与外侧的大花瓣位置交错开，形成立体效果

6　用小笔沾取白色彩绘胶，点在花朵中部，形成花芯

7　同样手法画出其他的小花瓣

8　用小笔沾取白色彩绘胶，勾勒外侧花瓣轮廓

9　在空白处画出错落的细线，直至布满甲面

10　照灯固化 30 秒

涂抹免洗封层，照灯固化 90 秒，完成

知识便签

5.5 蕾丝甲

5.5.1 条纹蕾丝甲

制作条纹蕾丝甲需要的工具和材料有：豆沙色甲油胶、光疗笔、小笔、黑色彩绘胶、白色彩绘胶、点珠笔、免洗封层。

条纹蕾丝甲的制作步骤如下。

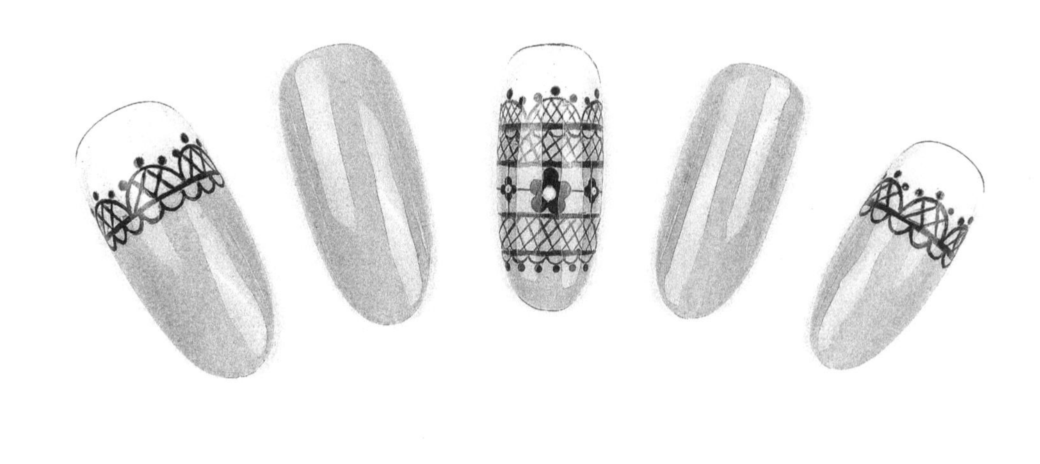

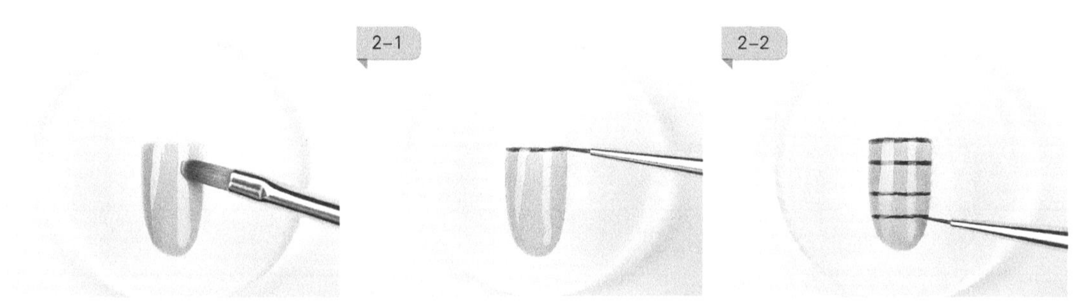

1 用光疗笔沾取豆沙色甲油胶，涂抹在甲面下半部，照灯固化60秒

2 用小笔沾取黑色彩绘胶，沿色块交界处依次画出水平直线

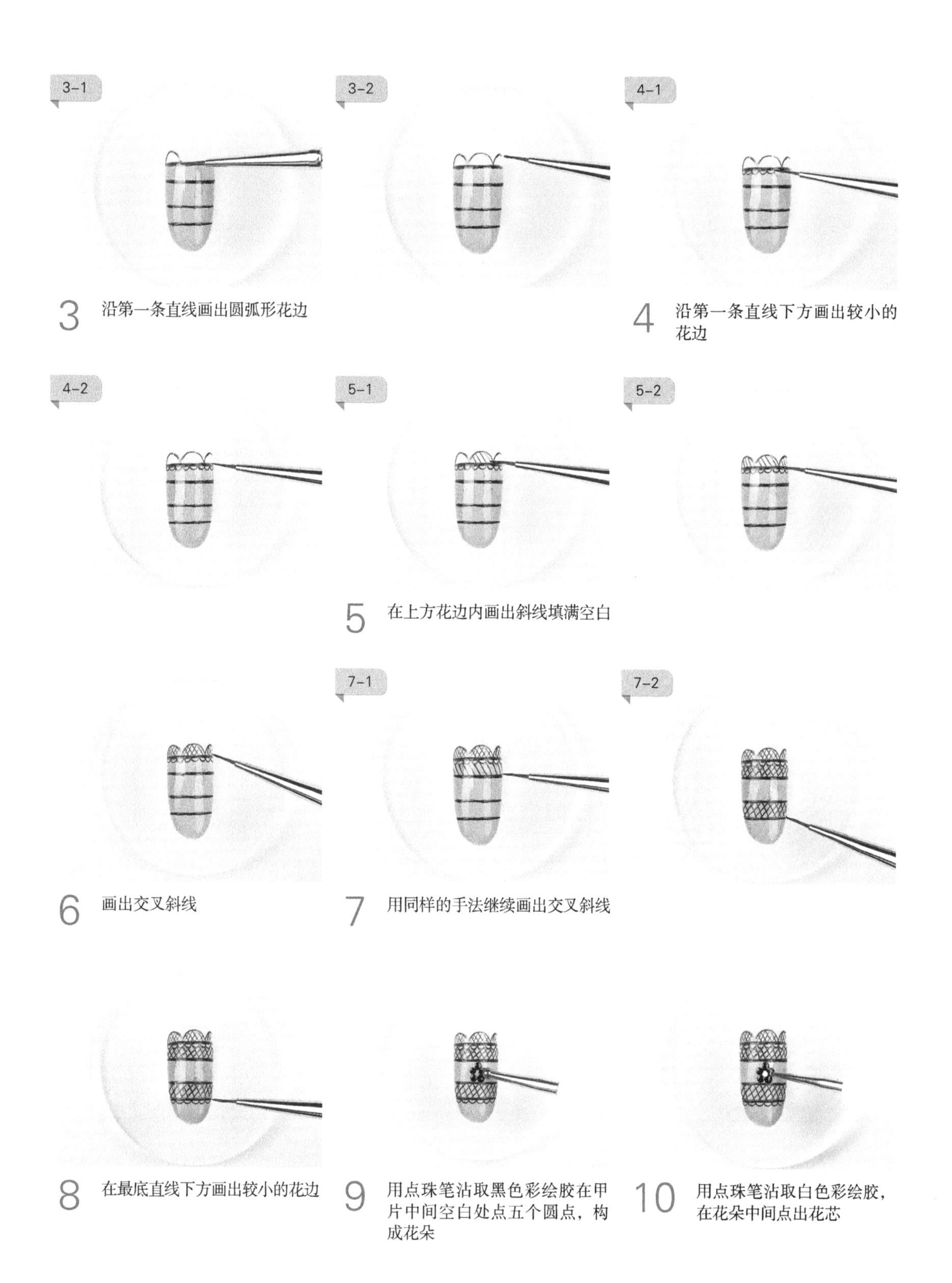

3　沿第一条直线画出圆弧形花边

4　沿第一条直线下方画出较小的花边

5　在上方花边内画出斜线填满空白

6　画出交叉斜线

7　用同样的手法继续画出交叉斜线

8　在最底直线下方画出较小的花边

9　用点珠笔沾取黑色彩绘胶在甲片中间空白处点五个圆点，构成花朵

10　用点珠笔沾取白色彩绘胶，在花朵中间点出花芯

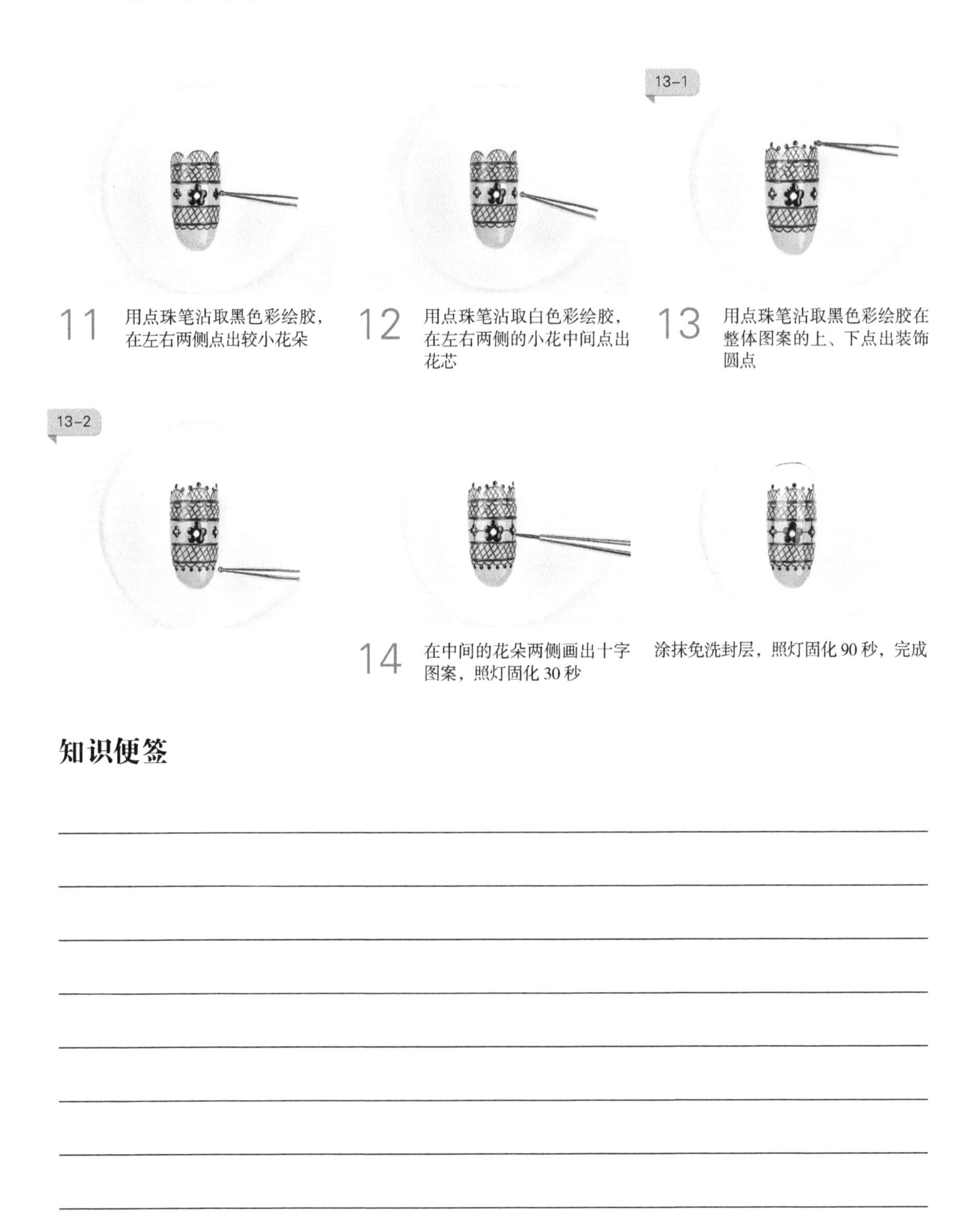

11 用点珠笔沾取黑色彩绘胶，在左右两侧点出较小花朵

12 用点珠笔沾取白色彩绘胶，在左右两侧的小花中间点出花芯

13 用点珠笔沾取黑色彩绘胶在整体图案的上、下点出装饰圆点

14 在中间的花朵两侧画出十字图案，照灯固化 30 秒

涂抹免洗封层，照灯固化 90 秒，完成

知识便签

5.5.2 茶花蕾丝甲

制作茶花蕾丝甲需要的工具和材料：白色甲油胶、浅橘色甲油胶、小笔、黑色彩绘胶、点珠笔、免洗封层。

茶花蕾丝甲的制作步骤如下。

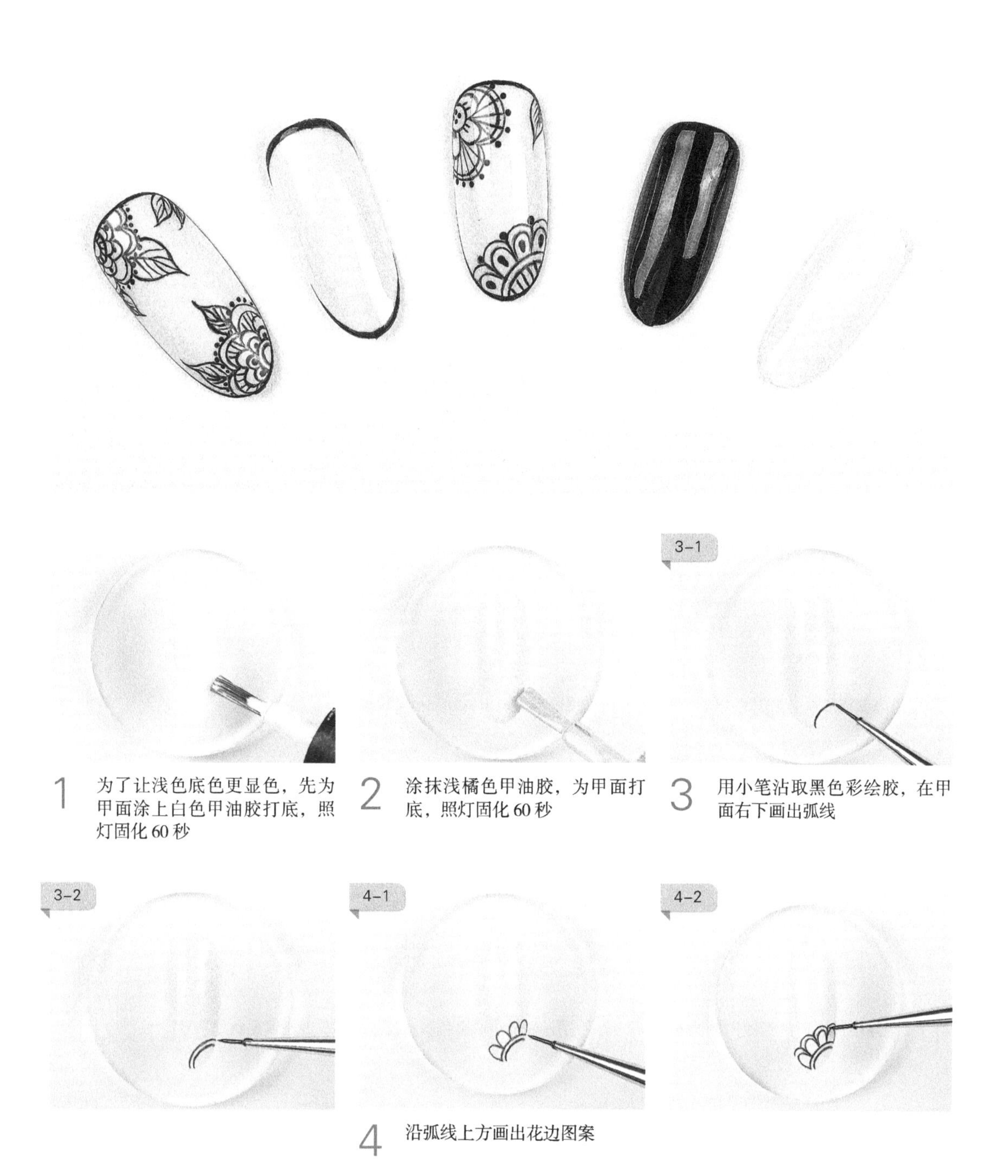

1 为了让浅色底色更显色，先为甲面涂上白色甲油胶打底，照灯固化 60 秒

2 涂抹浅橘色甲油胶，为甲面打底，照灯固化 60 秒

3 用小笔沾取黑色彩绘胶，在甲面右下画出弧线

4 沿弧线上方画出花边图案

5 在甲面左上依次画出花瓣

6 在外侧画出更大的花瓣，包裹住小花瓣

7 在大小花瓣之间画出连接线条

8 沿内侧花瓣画出花蕊的线条

9 在甲面右上画出树叶和树叶纹理

10 在甲面右下的弧线内侧画出线条，填满空白

11 用点珠笔沾取黑色彩绘胶点出细长的雨滴形状

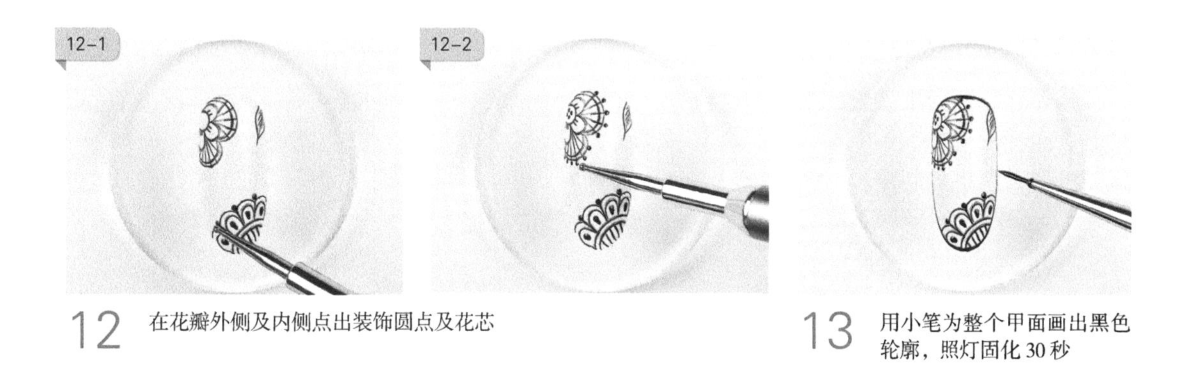

12　在花瓣外侧及内侧点出装饰圆点及花芯

13　用小笔为整个甲面画出黑色轮廓，照灯固化 30 秒

涂抹免洗封层，照灯固化 90 秒，完成

知识便签

5.5.3 杜鹃蕾丝甲

制作杜鹃蕾丝甲需要的工具和材料有：暗粉色甲油胶、银色细闪粉甲油胶、小笔、白色彩绘胶、免洗封层。

杜鹃蕾丝甲的制作步骤如下。

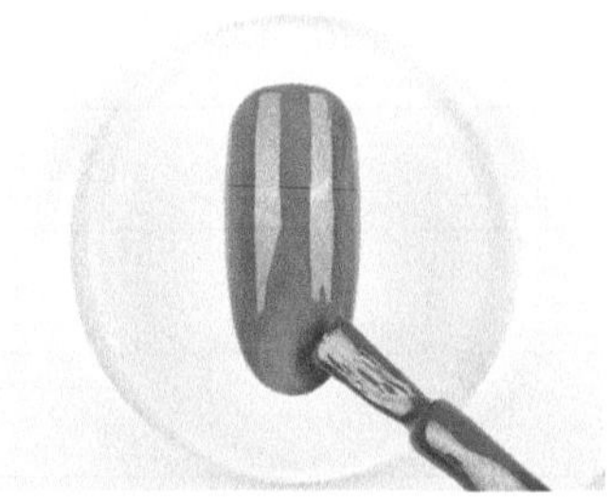

1 为甲面涂上暗粉色甲油胶作为底色，照灯固化60秒

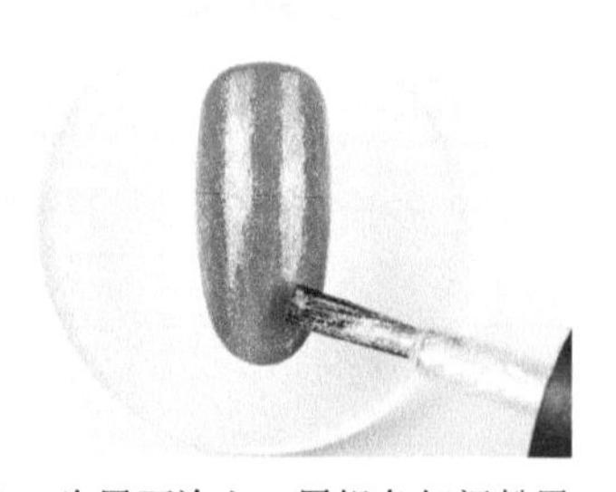

2 为甲面涂上一层银色细闪粉甲油胶，照灯固化60秒

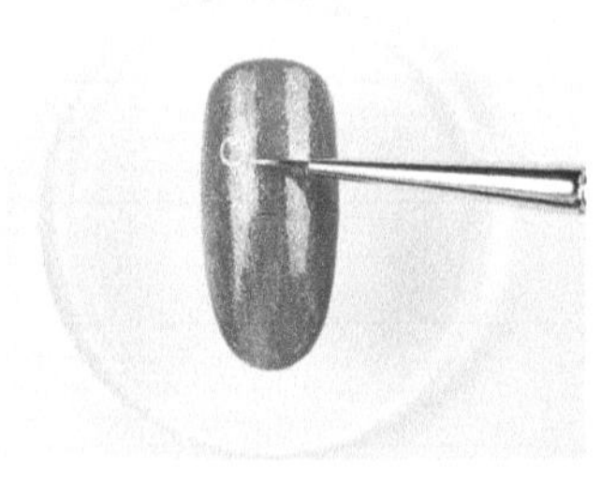

3 用小笔沾取白色彩绘胶，画出圆形花芯

4-1

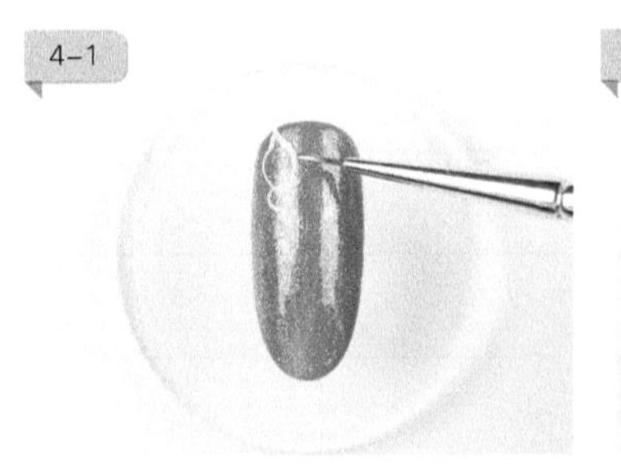

4-2

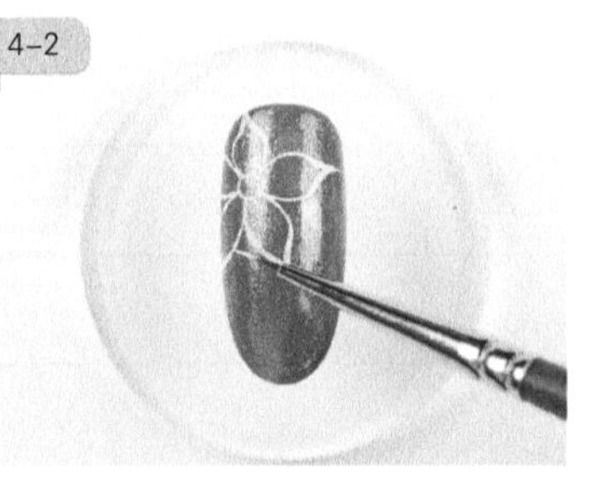

4 围绕花芯画出细长尖形花瓣，控制好花瓣比例

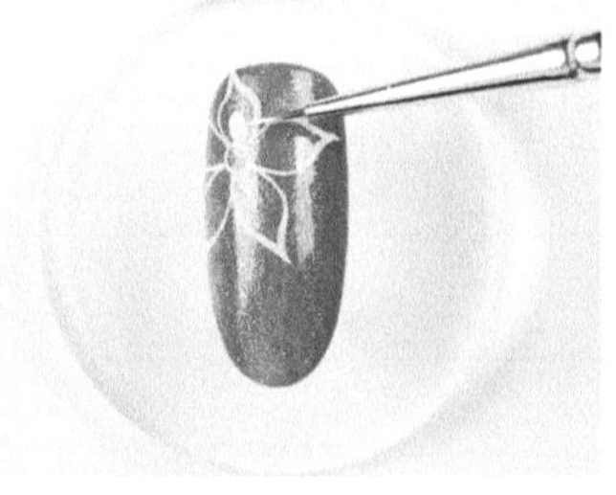

5 在花瓣内侧画出雨滴状图案

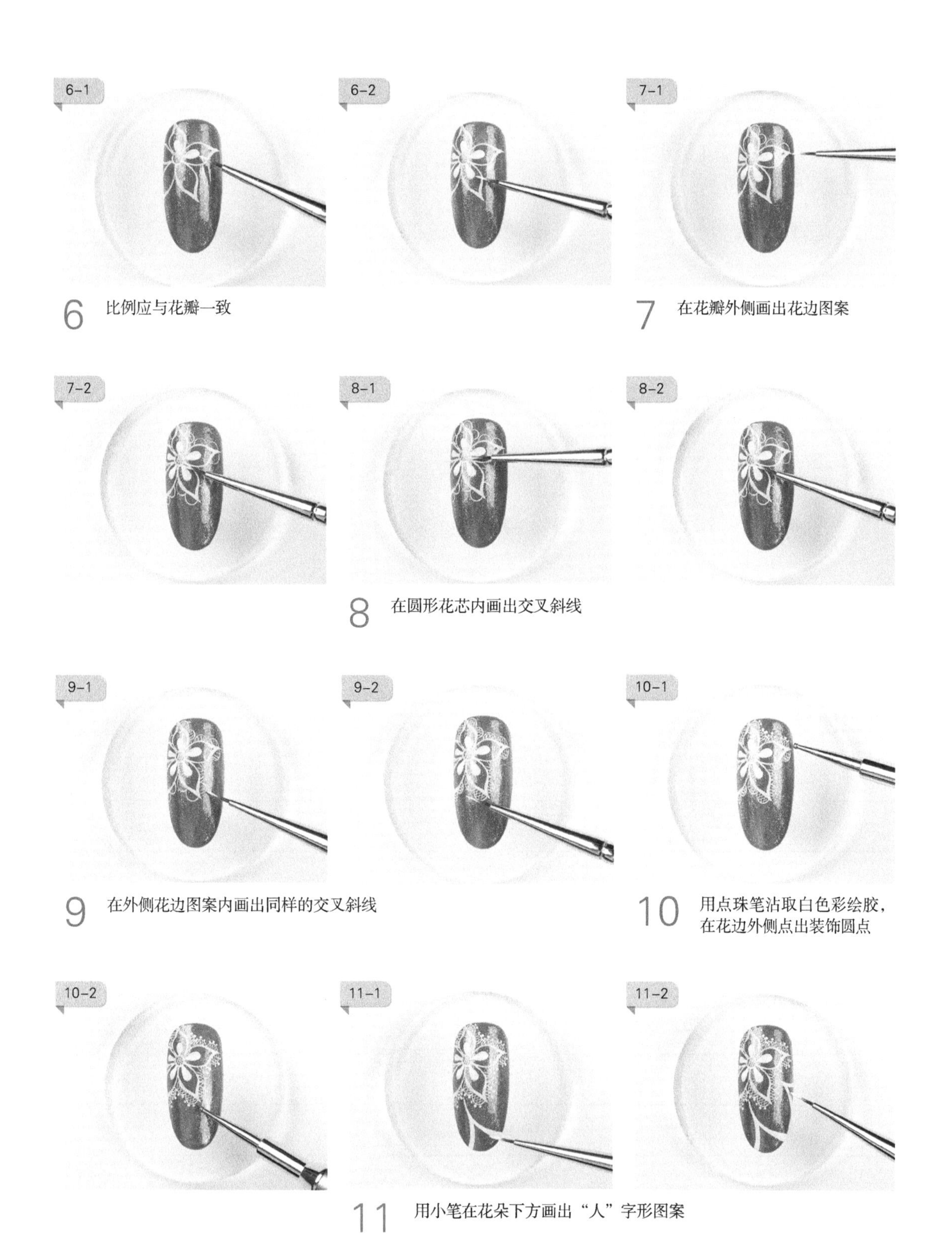

6　比例应与花瓣一致

7　在花瓣外侧画出花边图案

8　在圆形花芯内画出交叉斜线

9　在外侧花边图案内画出同样的交叉斜线

10　用点珠笔沾取白色彩绘胶，在花边外侧点出装饰圆点

11　用小笔在花朵下方画出“人”字形图案

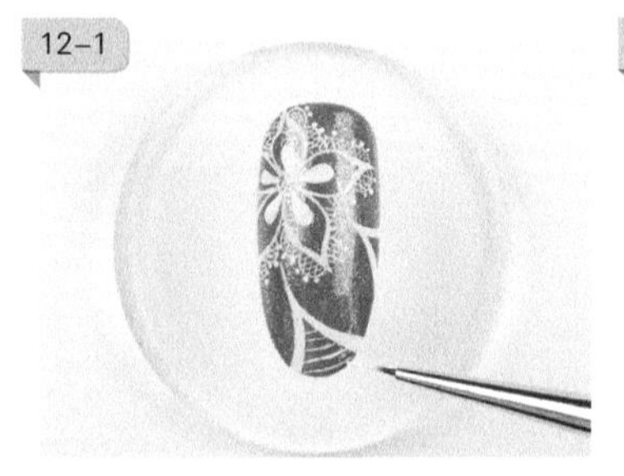

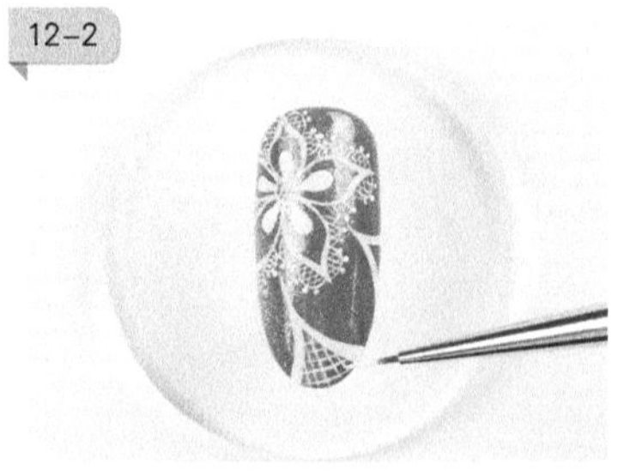

12 在空白处画出交叉斜线

13 在“人”字形外侧画出蕾丝的线条

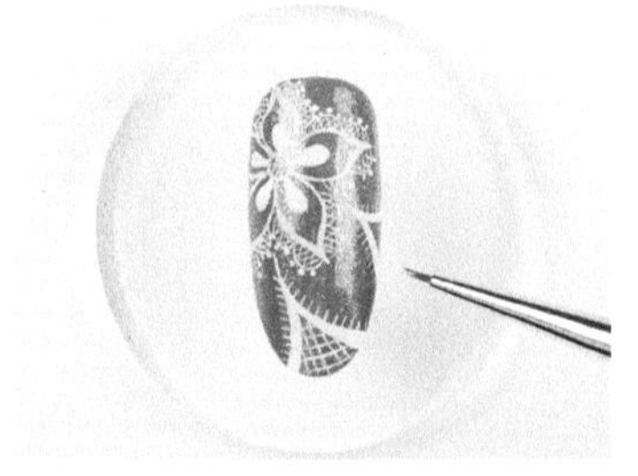

14 照灯固化 30 秒

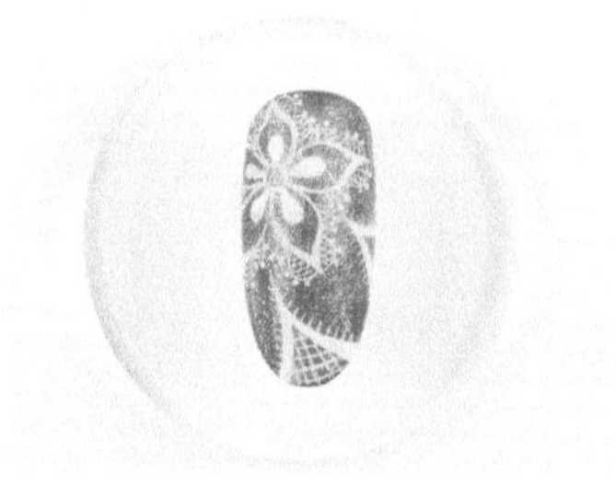

涂抹免洗封层，照灯固化 90 秒，完成

知识便签

5.6 多色渐变

5.6.1 双色渐变技法

双色渐变技法需要的工具和材料有：蓝色甲油胶、黄色甲油胶、光疗笔、免洗封层。

双色渐变技法的步骤如下。

1 用光疗笔为甲面的左半部分涂上蓝色甲油胶，暂不照灯

2 为甲面的右半部分涂上黄色甲油胶，暂不照干

3 清洗笔头，在色块交界处画出“Z”字形

4 清洗笔头，将交界处颜色自然晕开，照灯固化 30 秒

5 重复为甲面涂上蓝色甲油胶，增加颜色饱和度

6 清洗笔头，将蓝色部分从左到右自然晕开，照灯固化 30 秒

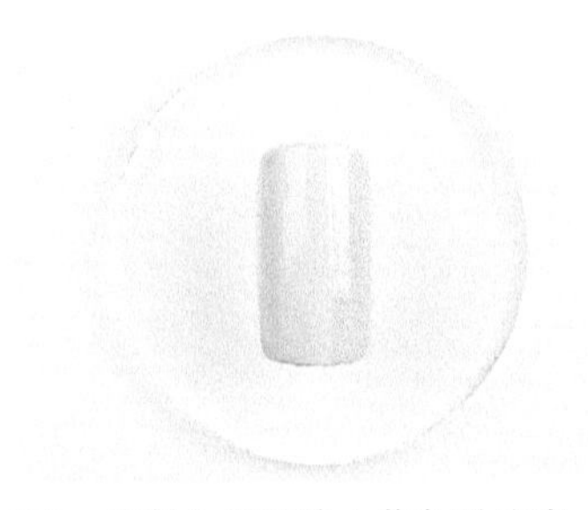

7 重复为甲面涂上黄色甲油胶，增加颜色饱和度

8 清洗笔头，将黄色部分从右到左自然晕开，照灯固化 30 秒

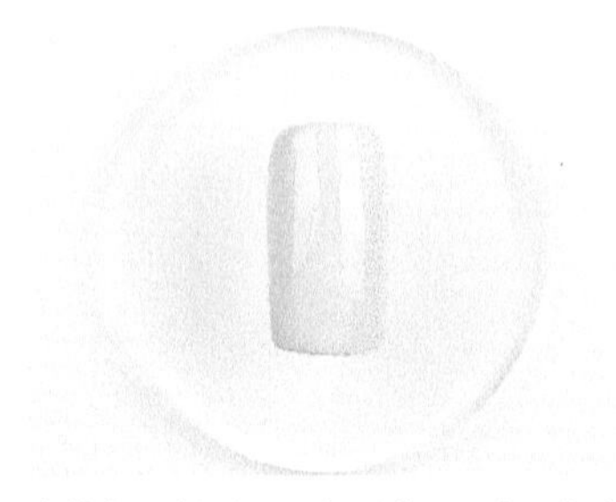

涂抹免洗封层，照灯固化 90 秒，完成

知识便签

5.6.2 三色渐变技法

三色渐变技法需要的工具和材料有：红色甲油胶、黄色甲油胶、蓝色甲油胶、光疗笔、免洗封层。

三色渐变技法的制作步骤如下。

1　用光疗笔沾取红色、黄色、蓝色甲油胶依次为甲面上色，暂不照灯

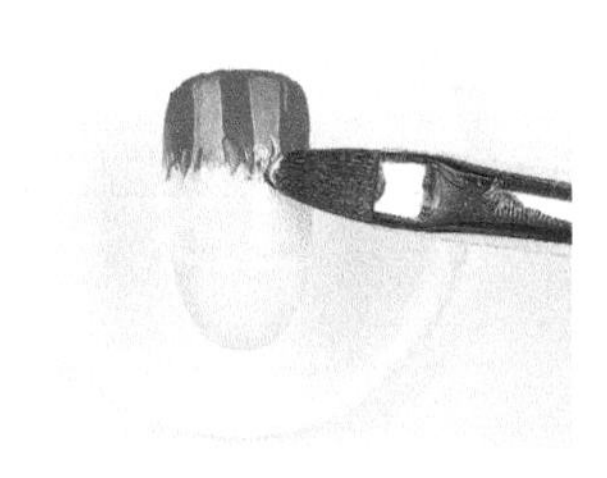

2　清洗笔头，在红色和黄色交界处画出 Z 字形

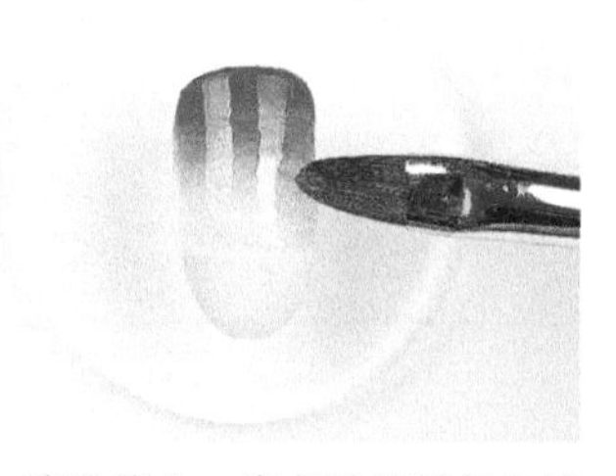

3　清洗笔头，将交界处颜色自然晕开

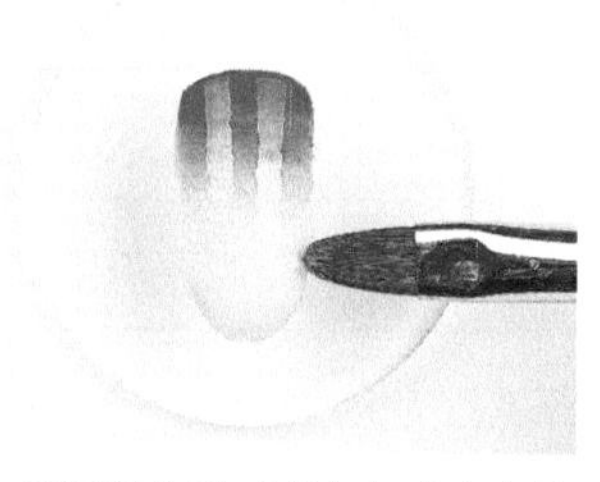

4　用同样方法对黄色与蓝色色块进行晕染

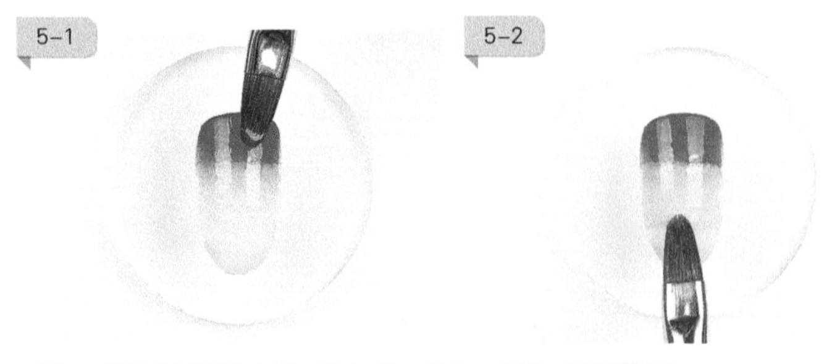

5 重复为甲面涂上第二遍红色、黄色、蓝色，暂不照灯

6 清洗笔头，再用同样方法进行自然晕染

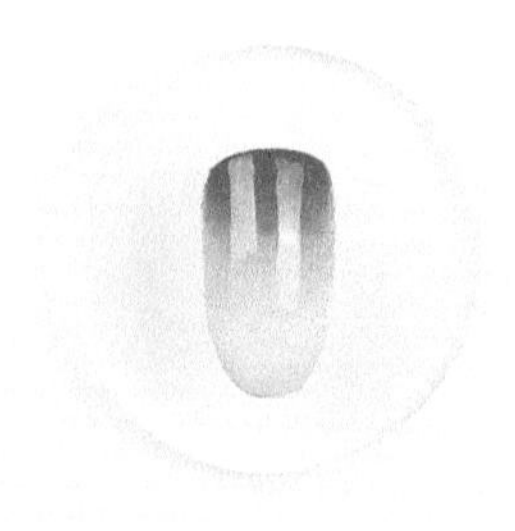

7 照灯固化 30 秒

涂抹免洗封层，照灯固化 90 秒，完成

知识便签

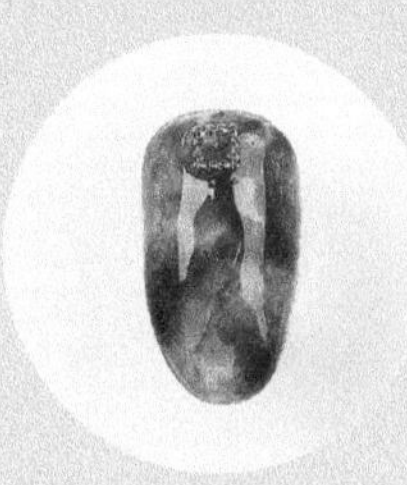

第 6 章 美甲进阶技法

6.1 微雕的产品和工具

6.2 简单雕艺

6.3 微雕浮雕

6.4 晕染技法

6.5 美甲装饰

除了基础操作技法以外，高级美甲师还需要掌握进阶技法，包括多种雕花技法、微雕浮雕、晕染技巧和装饰品搭配等。进阶技法对于美甲师而言，操作难度的提升，意味着需要花费更多的时间进行练习与钻研。希望读者能够在阅读与练习中掌握本章中的实用技法。

6.1 微雕的产品和工具

（1）雕花胶

雕花胶如图 6-1 所示，环保、无气味、操作方便快捷，需注意的是每完成一步都要照灯固化。

图 6-1 雕花胶

（2）浮雕胶

浮雕胶流动性适中，易塑形且不易坍塌，可结合彩色甲油胶做各种颜色的浮雕款式，如图 6-2 所示。

图 6-2 浮雕胶

（3）雕花笔

雕花笔可与雕花胶或浮雕胶配合使用，用于甲面立体造型的雕塑，如图 6-3 所示。

图 6-3 雕花笔

知识便签

6.2 简单雕艺

6.2.1 白茶花立体雕艺

白茶花立体雕艺需要的工具和材料有：雕花笔、雕花胶、压花棒、裸粉色甲油胶、免洗封层、钻饰、光疗胶、95 度酒精、小笔、镊子。

白茶花立体雕艺的制作步骤如下。

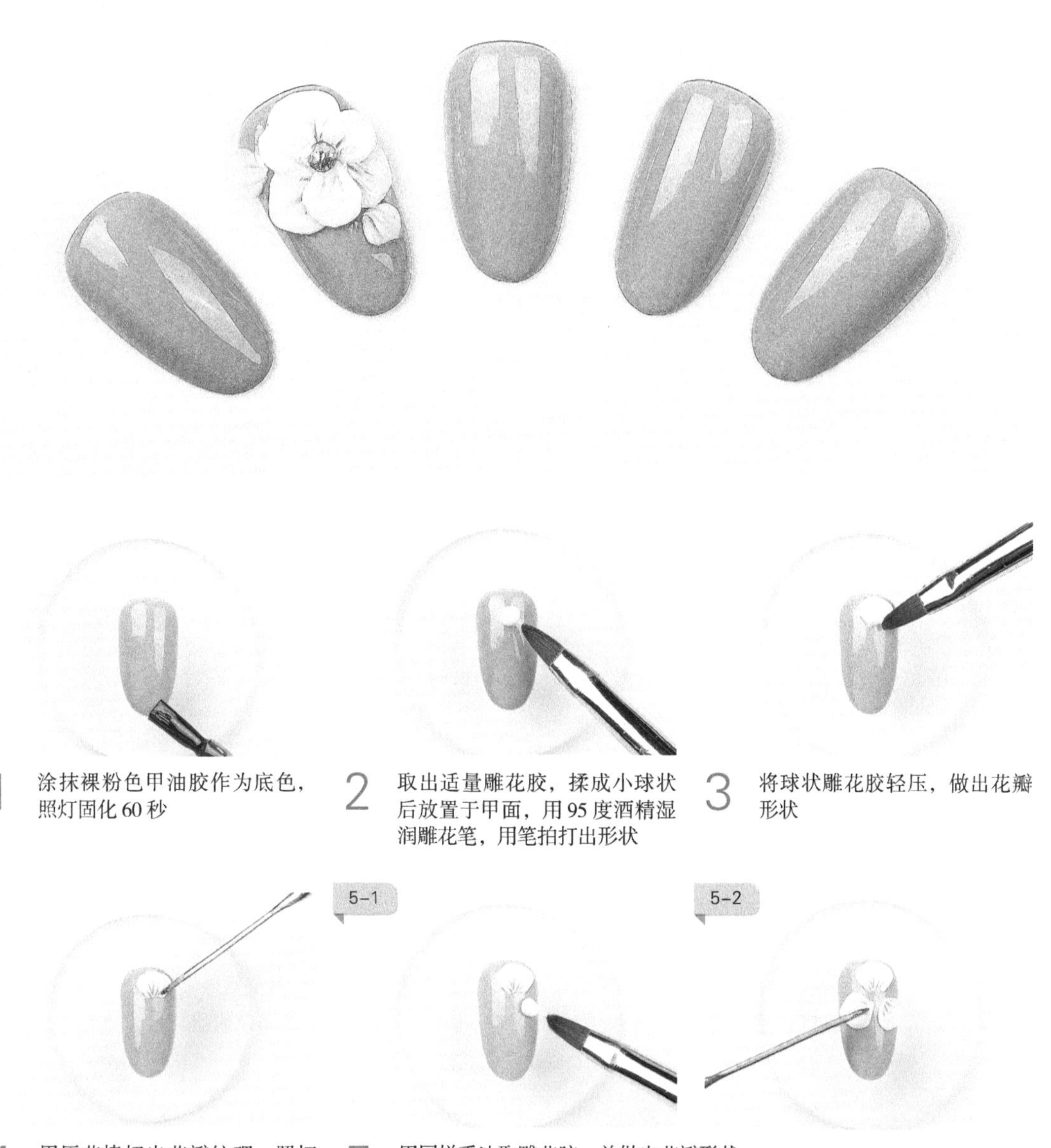

1 涂抹裸粉色甲油胶作为底色，照灯固化 60 秒

2 取出适量雕花胶，揉成小球状后放置于甲面，用 95 度酒精湿润雕花笔，用笔拍打出形状

3 将球状雕花胶轻压，做出花瓣形状

4 用压花棒切出花瓣纹理，照灯固化 60 秒

5 用同样手法取雕花胶，并做出花瓣形状

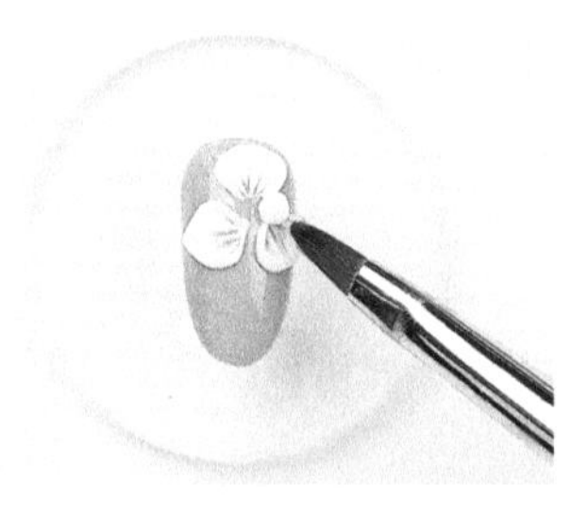

6 用同样手法取适量雕花胶，放置于两片花瓣之间的位置

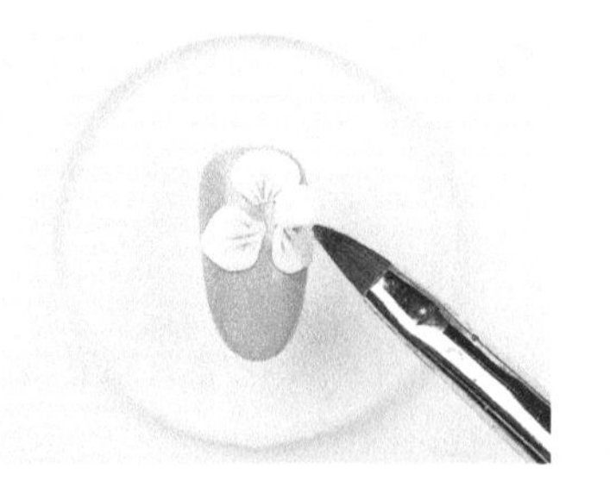

7 轻压雕花胶，做出第二层花瓣

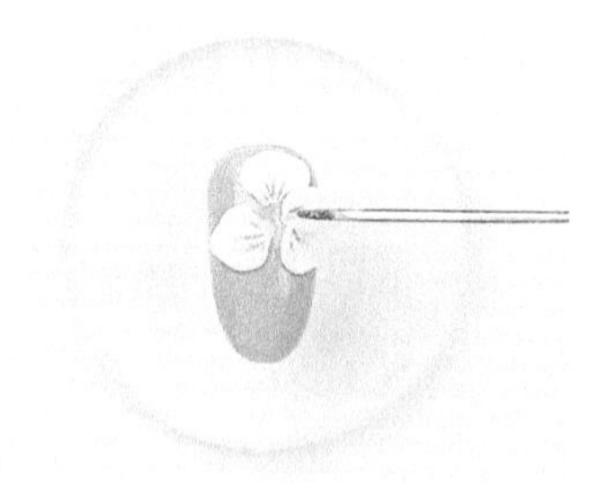

8 用压花棒切出花瓣纹理

9-1 9-2

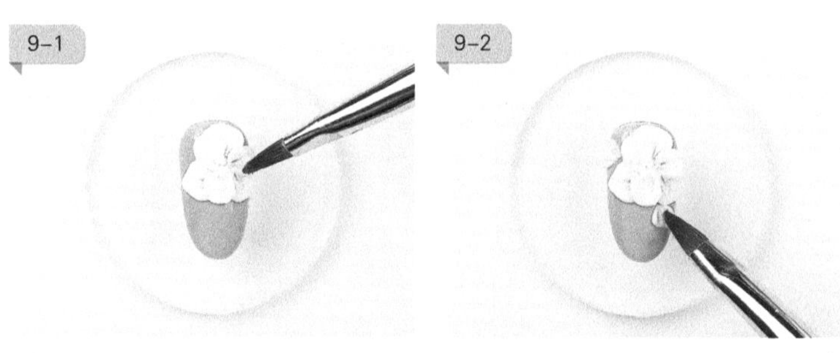

9 同样手法做出剩余花瓣，注意每片花瓣完成后都需要照灯，再雕出剩余花瓣

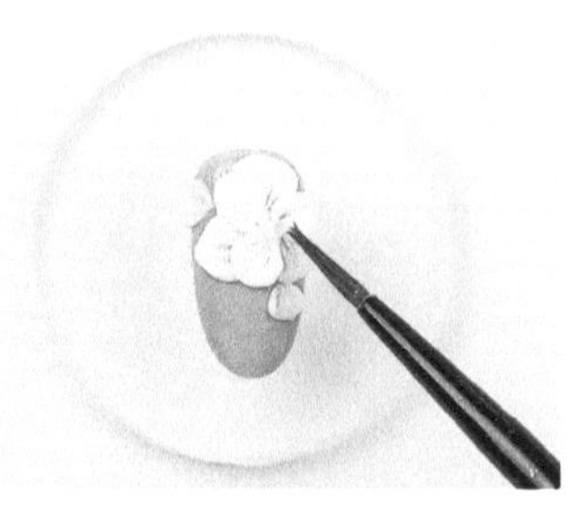

10 用小笔沾取少量光疗胶，涂抹于花朵中间位置

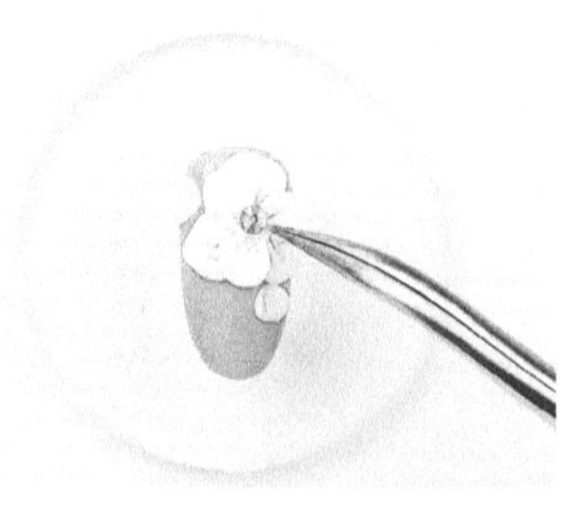

11 用镊子取钻饰，粘贴于花朵中间位置，照灯固化 60 秒

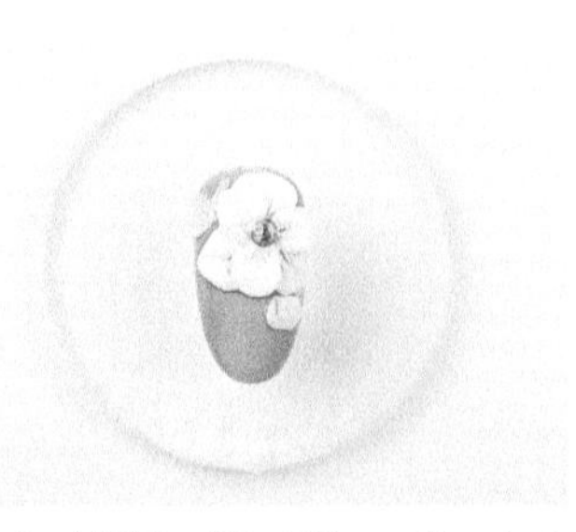

涂抹免洗封层，照灯固化 90 秒，完成

Tips：

- 取雕花胶时，可用湿润酒精后的桔木棒，以缠绕的方式取胶，避免粘笔。
- 雕花过程中需要经常用 95 度酒精来湿润雕花笔，保证雕花胶能迅速成型且不会粘笔。

6.2.2 三瓣花立体雕艺

三瓣花立体雕艺需要的工具和材料有：蓝色甲油胶、雕花笔、雕花胶、免洗封层、钻饰、光疗胶、95 度酒精、小笔、镊子。

三瓣花立体雕艺的制作步骤如下。

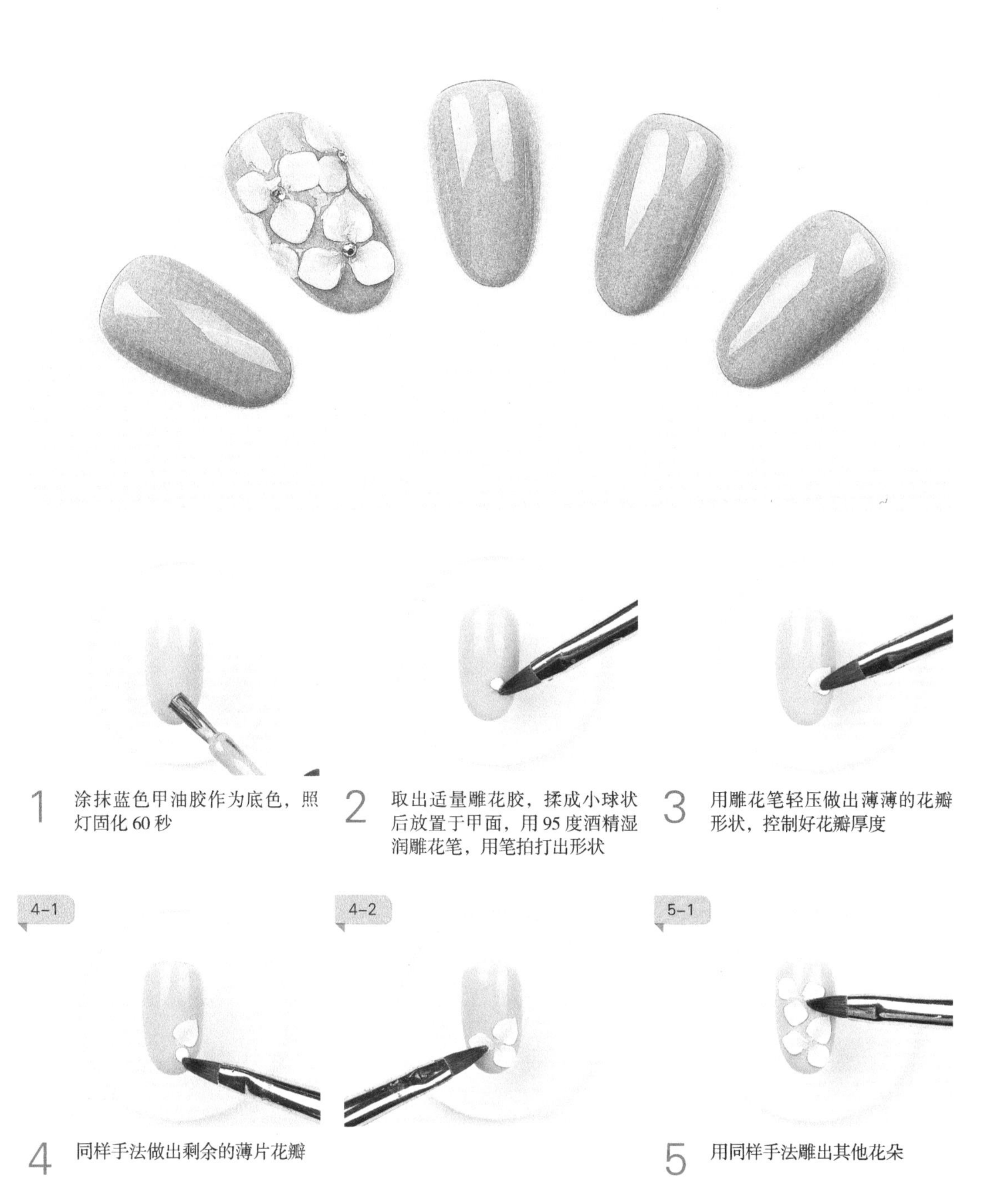

1　涂抹蓝色甲油胶作为底色，照灯固化 60 秒

2　取出适量雕花胶，揉成小球状后放置于甲面，用 95 度酒精湿润雕花笔，用笔拍打出形状

3　用雕花笔轻压做出薄薄的花瓣形状，控制好花瓣厚度

4　同样手法做出剩余的薄片花瓣

5　用同样手法雕出其他花朵

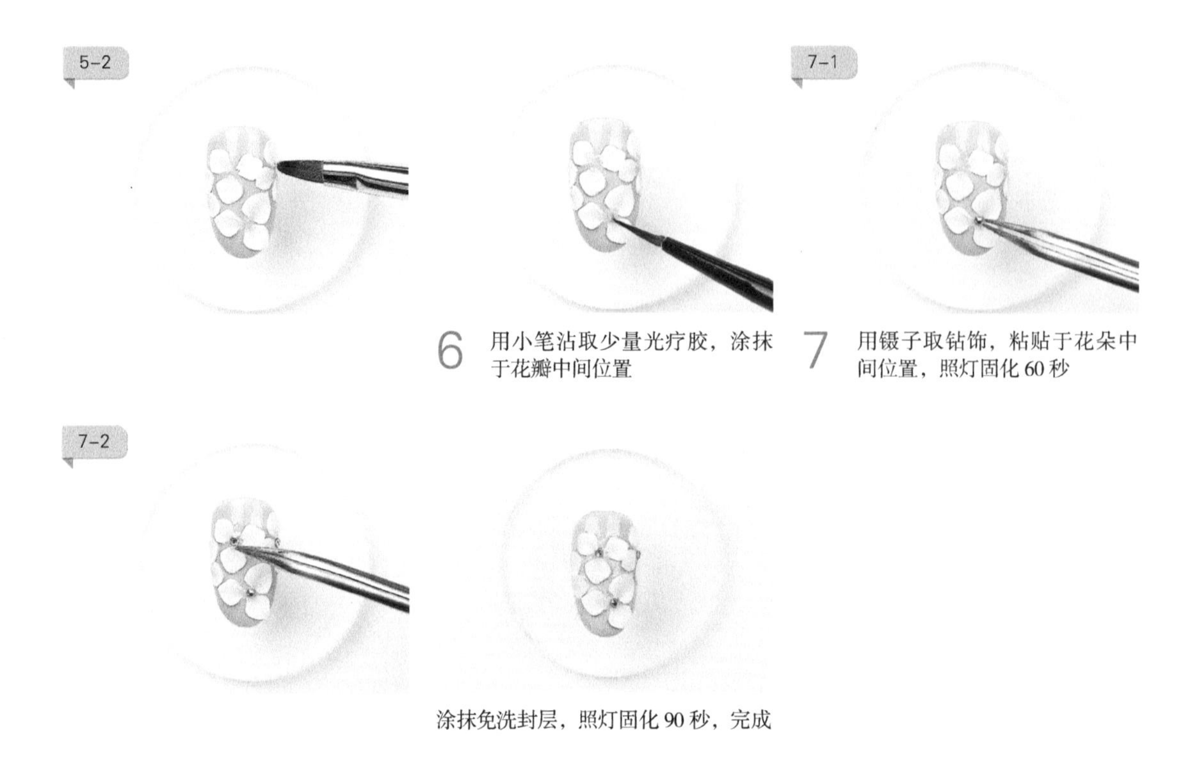

6 用小笔沾取少量光疗胶，涂抹于花瓣中间位置

7 用镊子取钻饰，粘贴于花朵中间位置，照灯固化 60 秒

涂抹免洗封层，照灯固化 90 秒，完成

知识便签

6.2.3 玫瑰立体雕艺

玫瑰立体雕艺需要的工具和材料有：橙色甲油胶、雕花笔、雕花胶、免洗封层、钻饰、光疗胶、95 度酒精、小笔、镊子。

玫瑰立体雕艺的制作步骤如下。

1 涂抹橙色甲油胶作为底色，照灯固化 60 秒

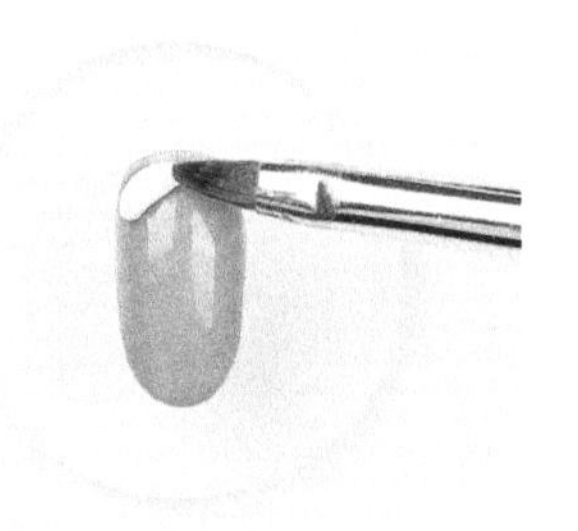

2 用 95 度酒精湿润雕花笔，然后用雕花笔取适宜大小的雕花胶，拍成细长状放置于甲面左上方

3 用雕花笔轻压，做出内侧较薄的月牙形花瓣形状，照灯固化 30 秒

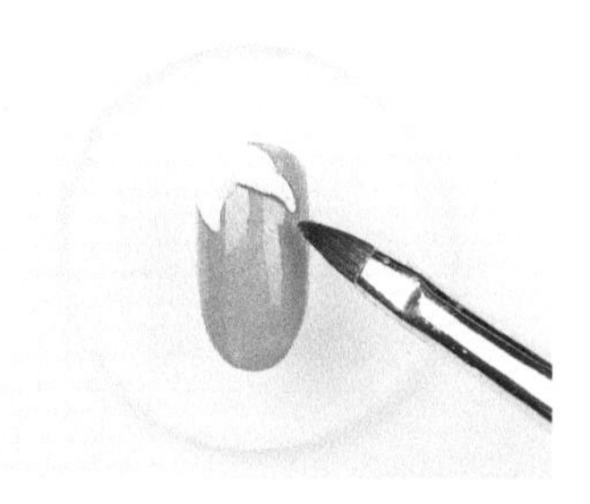

4 同样手法取雕花胶放置于第一片花瓣右侧，一部分稍微重叠

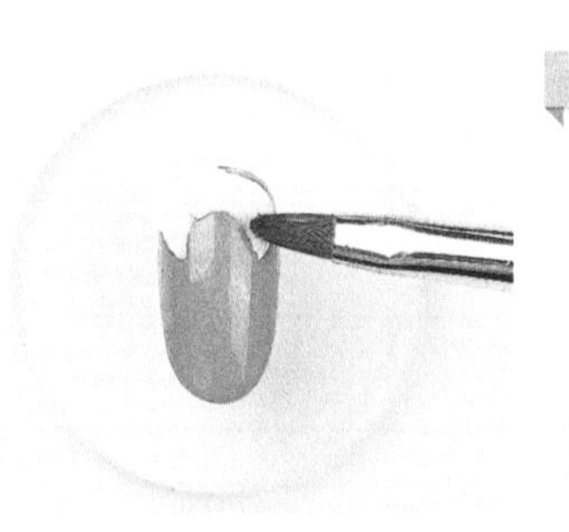

5 用雕花笔轻压，做出错落的第二片花瓣，控制花瓣弧度，照灯固化 30 秒

6-1

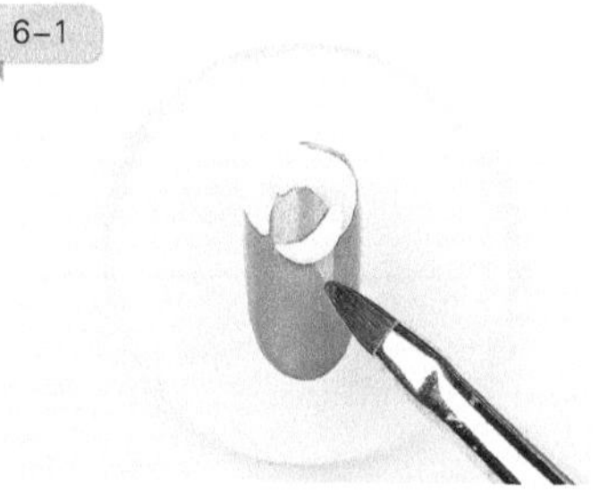

6 同样手法做出剩余花瓣

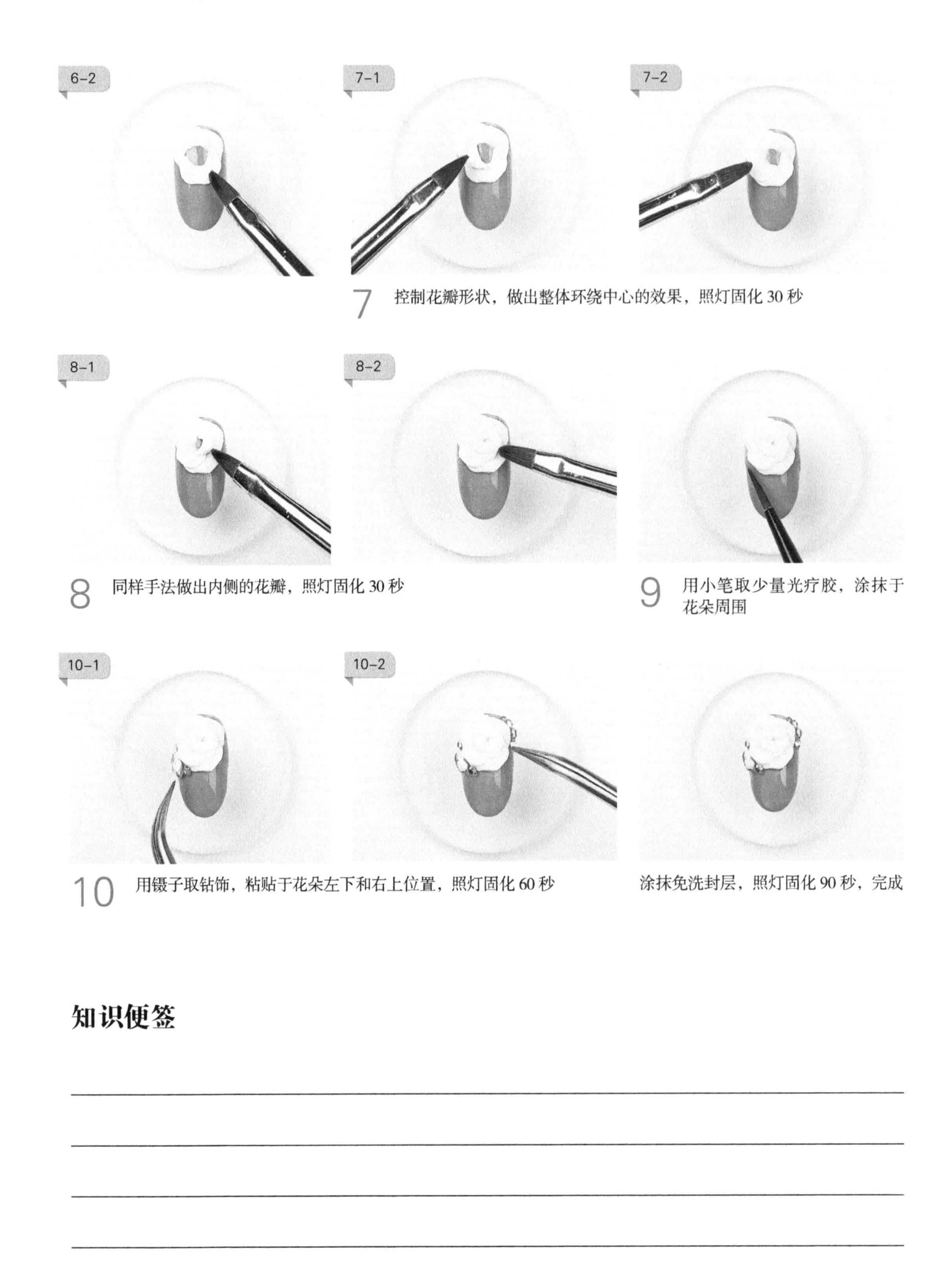

7 控制花瓣形状，做出整体环绕中心的效果，照灯固化 30 秒

8 同样手法做出内侧的花瓣，照灯固化 30 秒

9 用小笔取少量光疗胶，涂抹于花朵周围

10 用镊子取钻饰，粘贴于花朵左下和右上位置，照灯固化 60 秒

涂抹免洗封层，照灯固化 90 秒，完成

知识便签

6.3 微雕浮雕

6.3.1 毛衣微雕画法

毛衣微雕画法需要的工具和材料有：白色甲油胶、白色浮雕胶、小笔、免洗封层。具体步骤如下。

1 涂抹白色甲油胶作为底色，照灯固化 60 秒

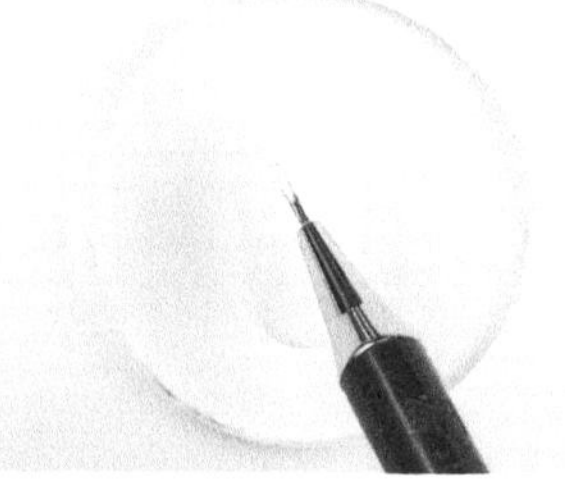

2 用小笔沾取适量白色浮雕胶，在甲面中间画出连接的弧线

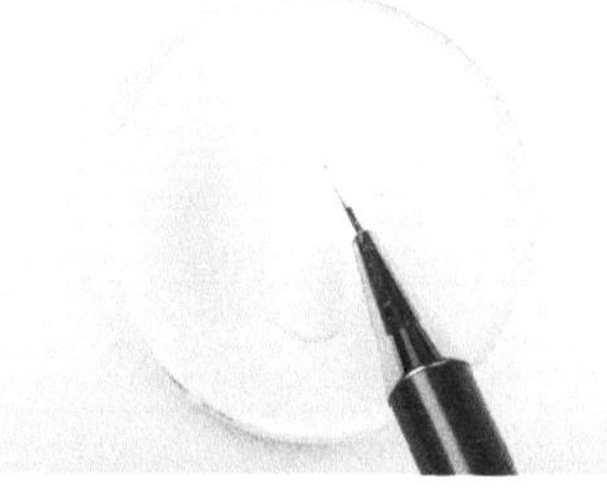

3 同样手法在另一侧画出对称弧线

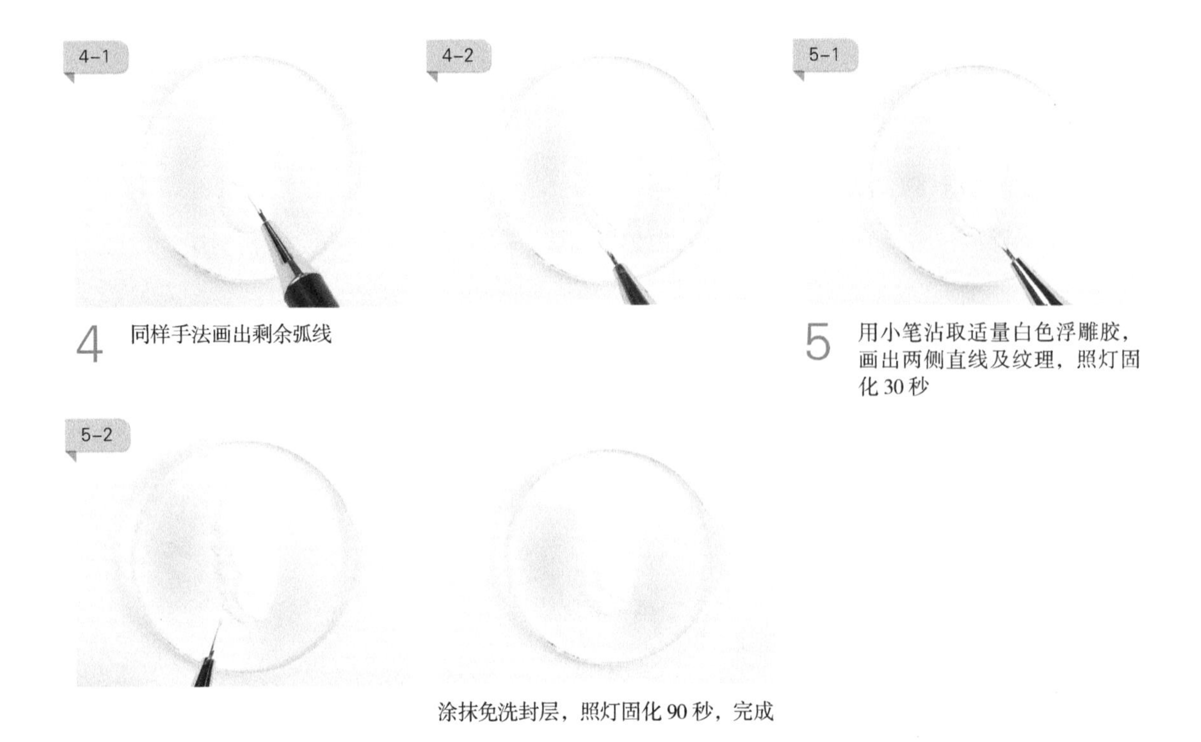

4 同样手法画出剩余弧线

5 用小笔沾取适量白色浮雕胶，画出两侧直线及纹理，照灯固化 30 秒

涂抹免洗封层，照灯固化 90 秒，完成

知识便签

6.3.2 蝴蝶结微雕画法

蝴蝶结微雕画法需要的工具和材料有：小笔、蓝色甲油胶、白色浮雕胶、白色彩绘胶、免洗封层。

具体步骤如下。

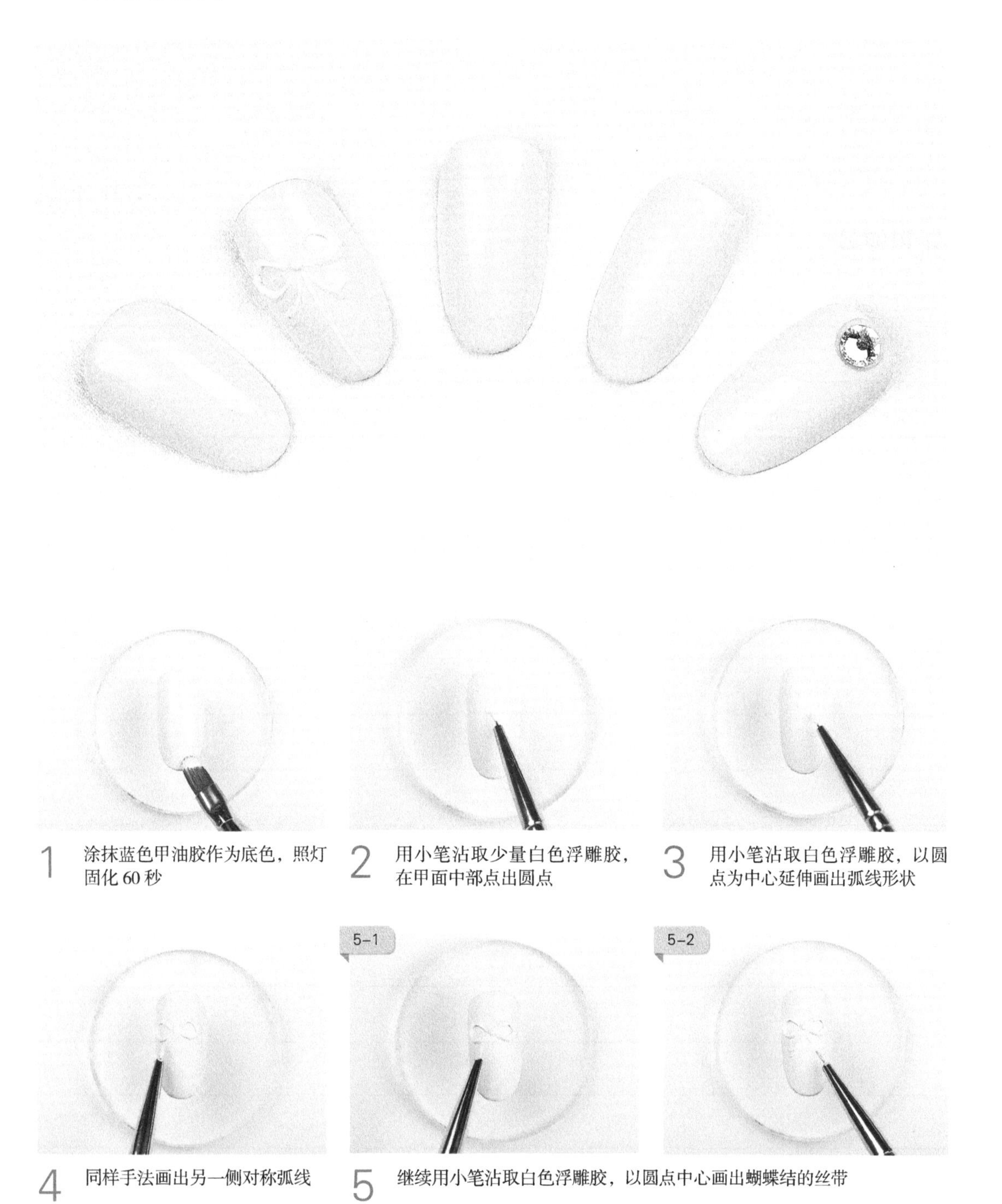

1 涂抹蓝色甲油胶作为底色，照灯固化 60 秒

2 用小笔沾取少量白色浮雕胶，在甲面中部点出圆点

3 用小笔沾取白色浮雕胶，以圆点为中心延伸画出弧线形状

4 同样手法画出另一侧对称弧线

5 继续用小笔沾取白色浮雕胶，以圆点中心画出蝴蝶结的丝带

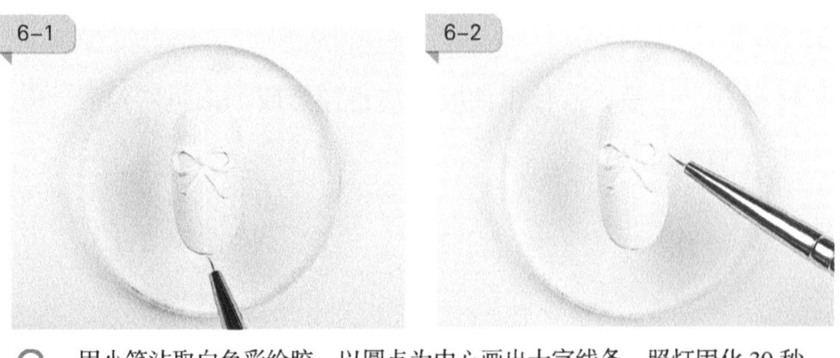

6 用小笔沾取白色彩绘胶，以圆点为中心画出十字线条，照灯固化 30 秒

涂抹免洗封层，照灯固化 90 秒，完成

知识便签

6.3.3 波纹微雕画法

波纹微雕画法需要的工具和材料有：粉红色甲油胶、小笔、白色浮雕胶、免洗封层。具体步骤如下。

1 涂抹粉红色甲油胶作为底色，照灯固化 60 秒

2 用小笔沾取适量白色浮雕胶，在甲面下方画出弯曲的弧线图案

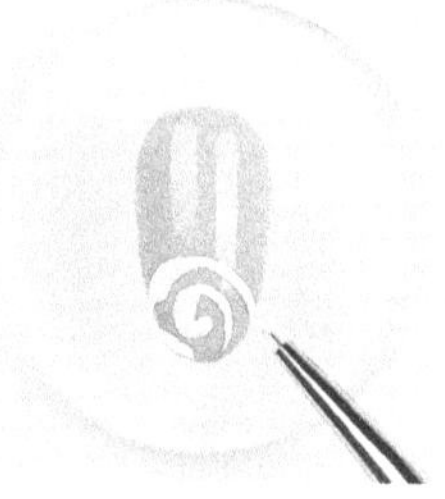

3 同样手法画出剩余弧线

4-1

4-2

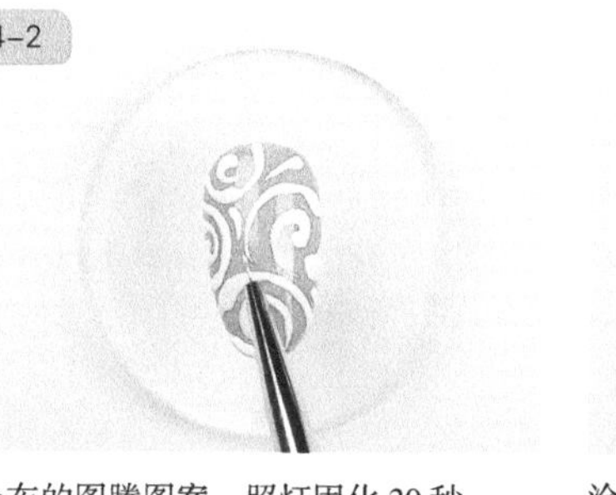

4 控制好弧线指尖的距离，画出均匀分布的图腾图案，照灯固化 30 秒

涂抹免洗封层，照灯固化 90 秒，完成

6.4 晕染技法

6.4.1 琥珀晕染甲

制作琥珀晕染甲需要的工具和材料有：光疗笔、黄色甲油胶、深褐色甲油胶、免洗封层、光疗胶、镊子、金属饰品。

琥珀晕染甲的制作步骤如下。

1 在甲面涂抹免洗封层，暂不照干

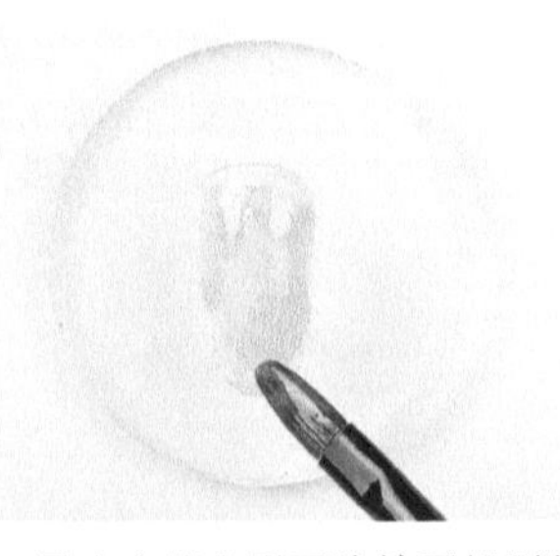

2 用光疗笔在甲面涂抹不规则的黄色甲油胶，稍加晕染

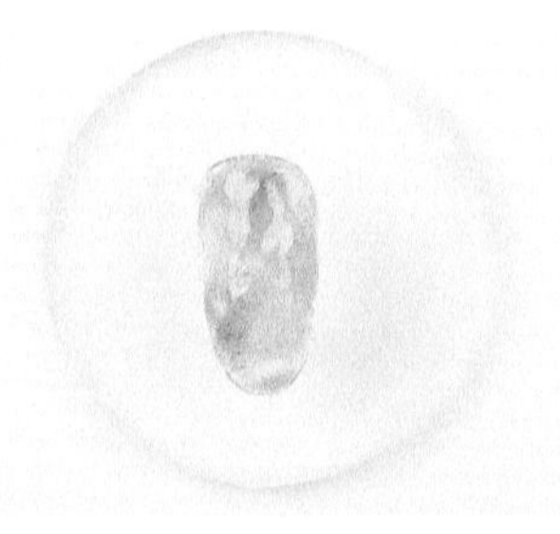

3 用光疗笔沾取少量深褐色甲油胶，在甲面将颜色晕开

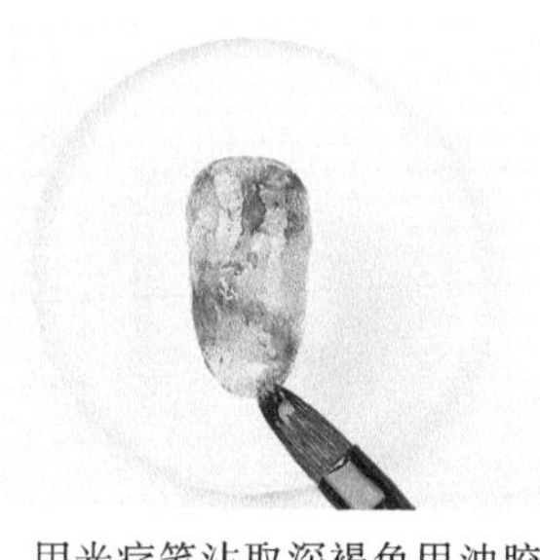

4 用光疗笔沾取深褐色甲油胶，在甲面将颜色自然晕开，控制好深浅，让颜色更自然，照灯固化 60 秒

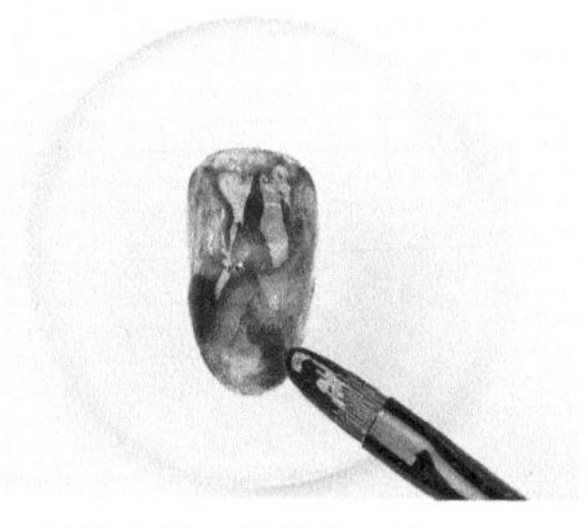

5 继续在甲面涂抹深褐色甲油胶，加深颜色，做出不规则的晕染效果，照灯固化 60 秒

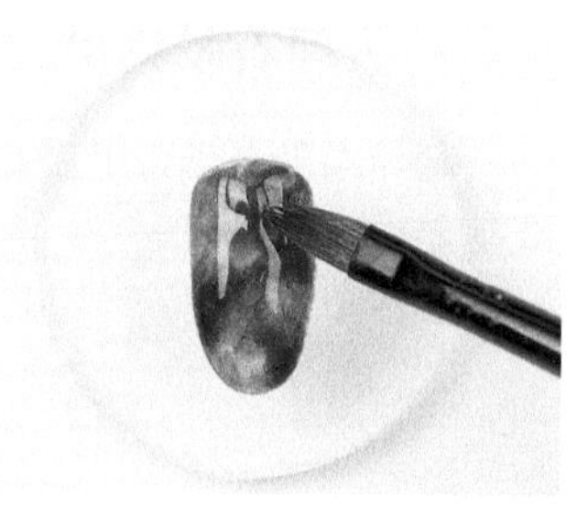

6 在甲面上方涂抹少量光疗胶

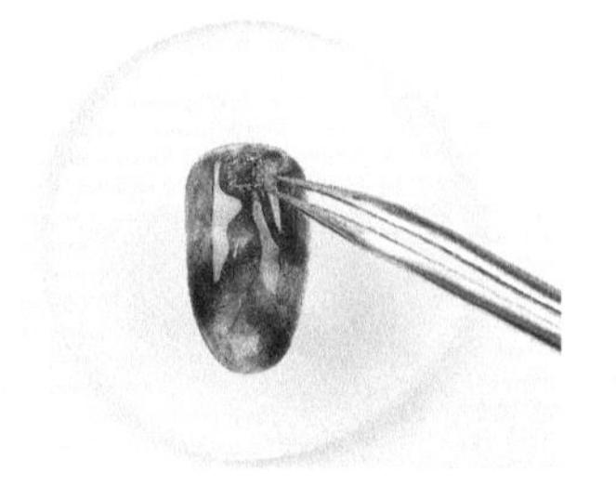

7 用镊子取金属饰品进行粘贴，照灯固化 60 秒

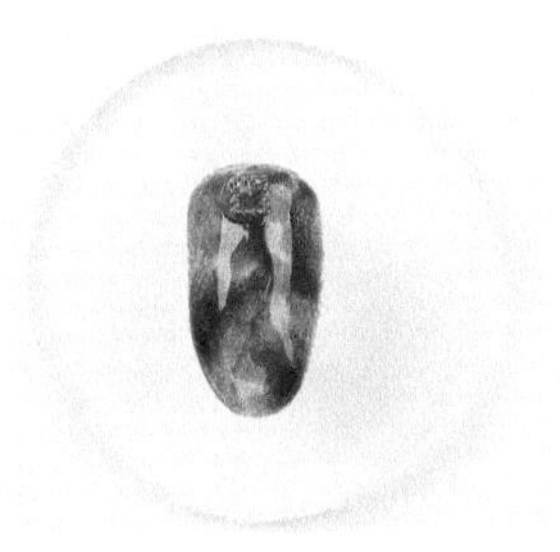

涂抹免洗封层，照灯固化 90 秒，完成

知识便签

6.4.2 大理石晕染甲

制作大理石晕染甲需要的工具和材料有：蓝色甲油胶、黑色甲油胶、免洗封层、小笔、拉线笔。

具体步骤如下。

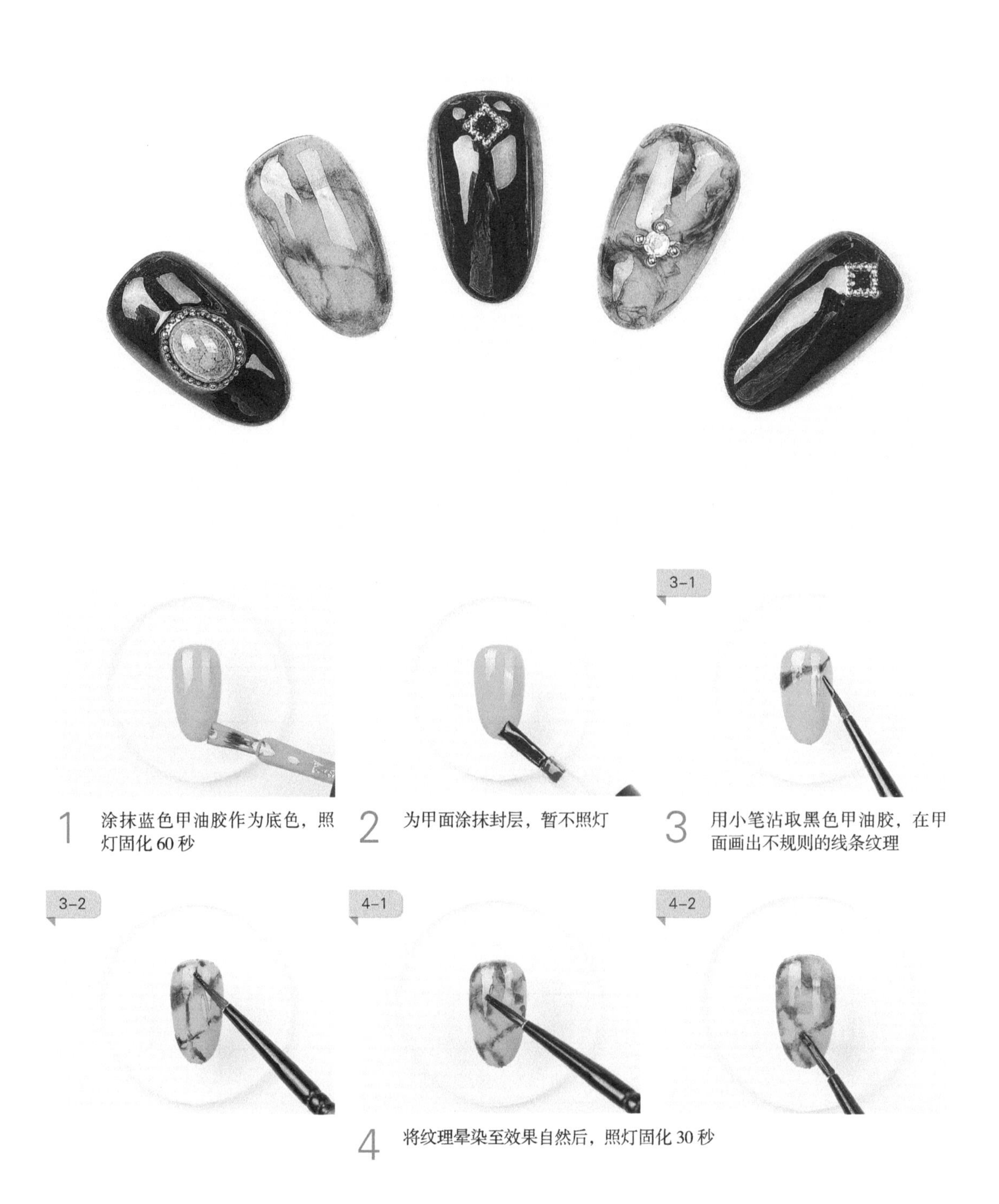

1 涂抹蓝色甲油胶作为底色，照灯固化 60 秒

2 为甲面涂抹封层，暂不照灯

3 用小笔沾取黑色甲油胶，在甲面画出不规则的线条纹理

4 将纹理晕染至效果自然后，照灯固化 30 秒

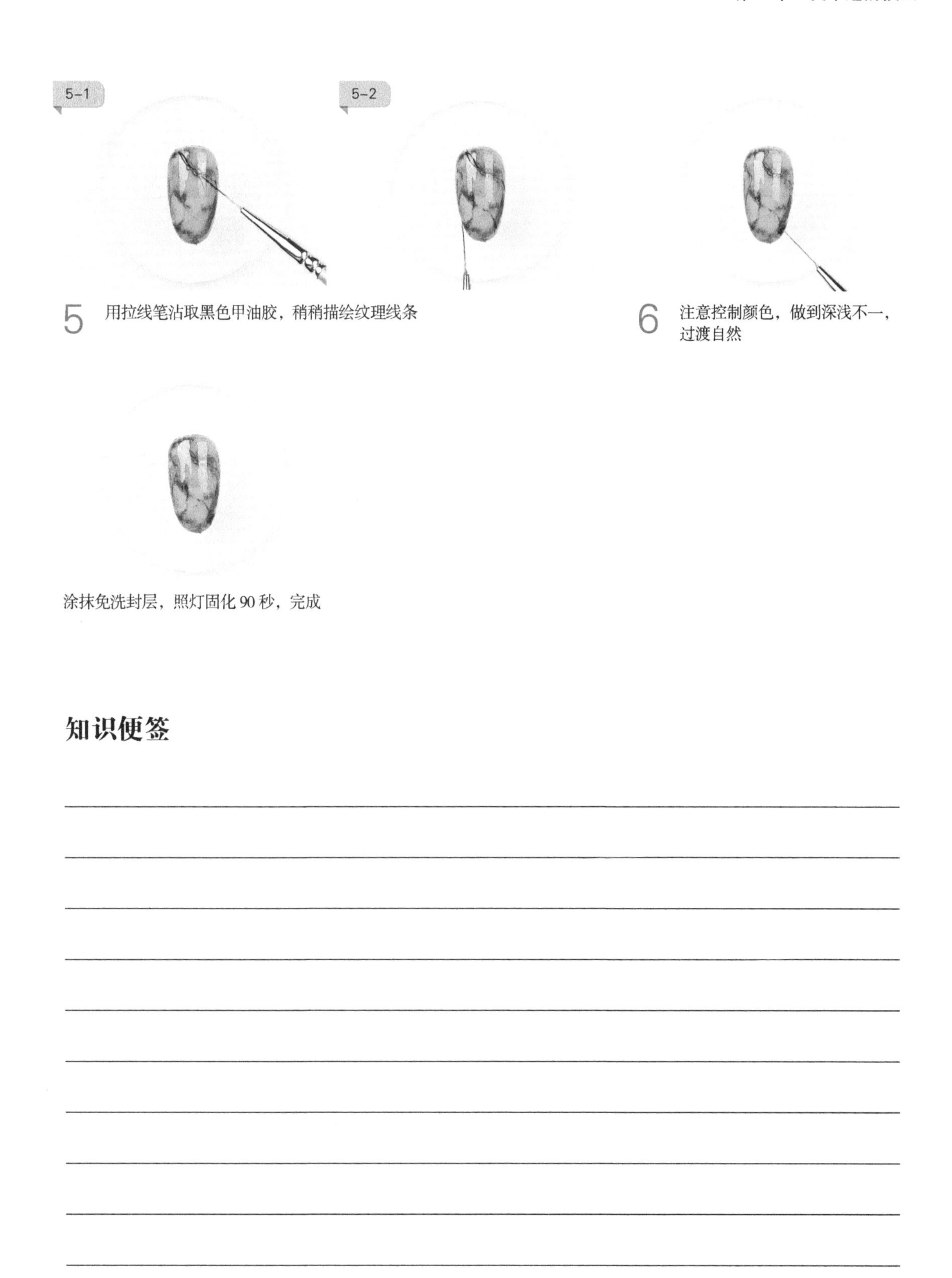

5 用拉线笔沾取黑色甲油胶，稍稍描绘纹理线条

6 注意控制颜色，做到深浅不一，过渡自然

涂抹免洗封层，照灯固化 90 秒，完成

知识便签

6.4.3 腮红晕染甲

制作腮红晕染甲需要的工具和材料有：白色甲油胶、粉色甲油胶、封层、免洗封层、小笔、饰品（珍珠、钢珠）、镊子、光疗胶、95 度酒精。

具体步骤如下。

1 涂抹白色甲油胶作为底色，照灯固化 60 秒

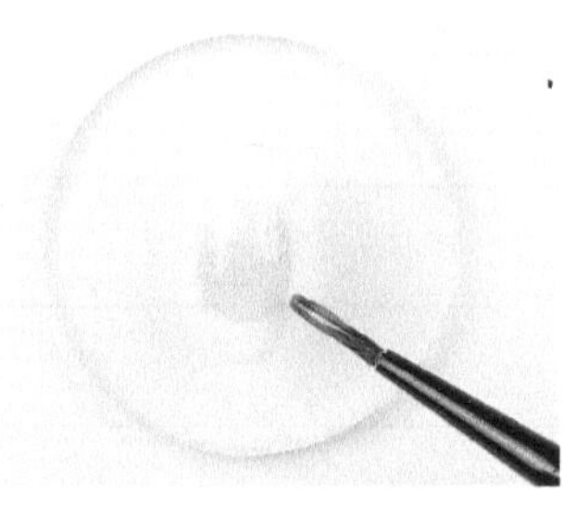

2 用小笔沾取粉色甲油胶，涂抹在甲面中间位置

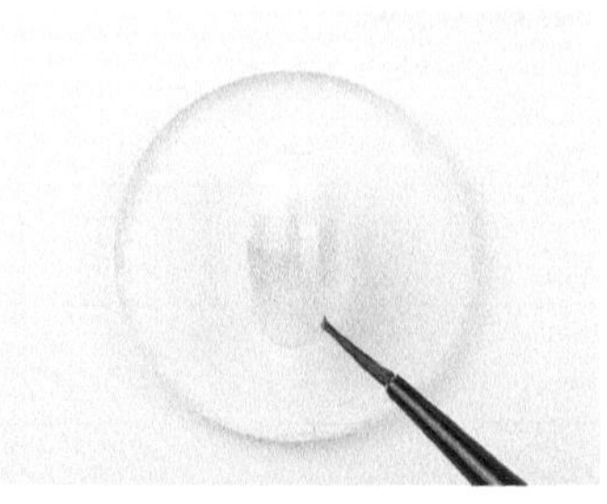

3 用 95 度酒精清洁笔尖，然后沾取封层，将粉色部分向甲面四周晕开

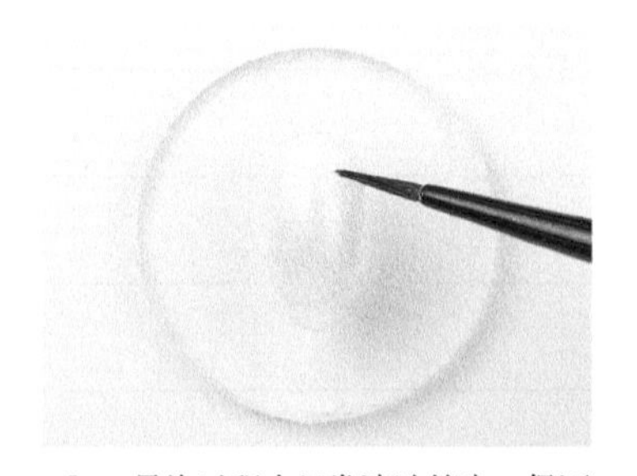

4 晕染过程中经常清洗笔尖，保证颜色能自然过渡，形成晕染效果，照灯固化 60 秒

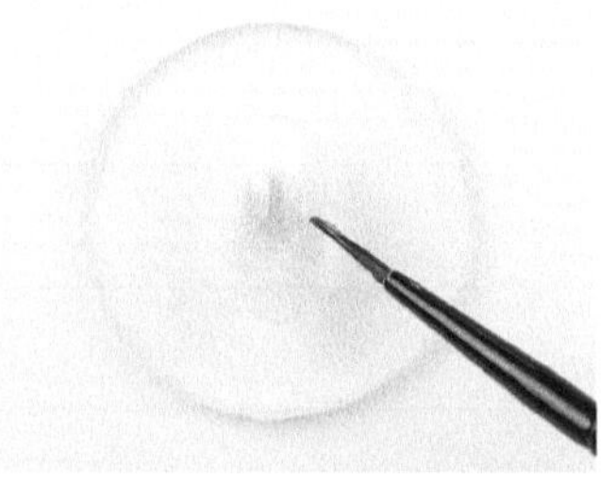

5 在用小笔沾取少量粉色甲油胶，涂抹在甲面中间

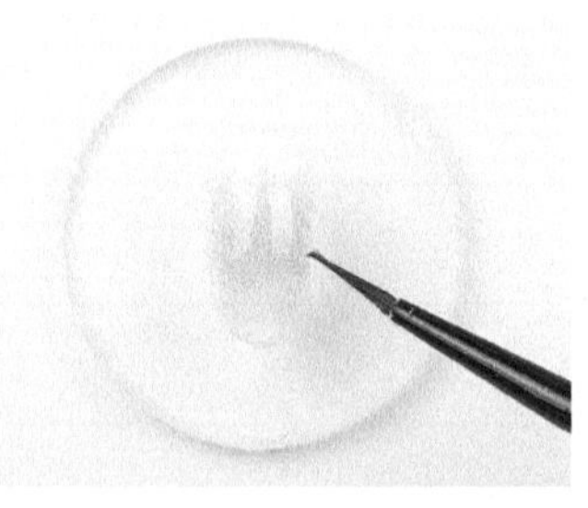

6 清洗笔尖后沾取免洗封层，用同样手法将粉色晕开，照灯固化 30 秒

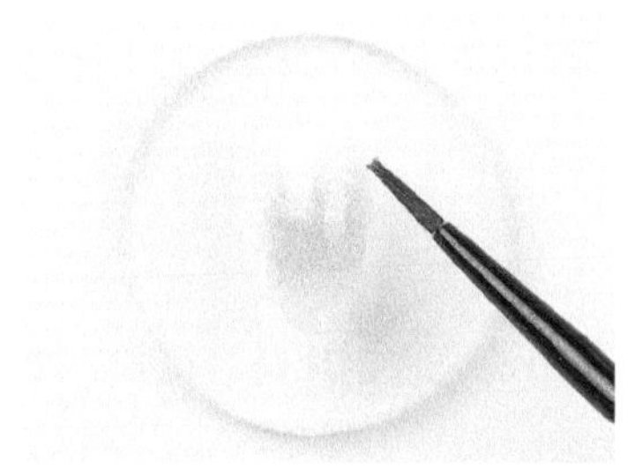

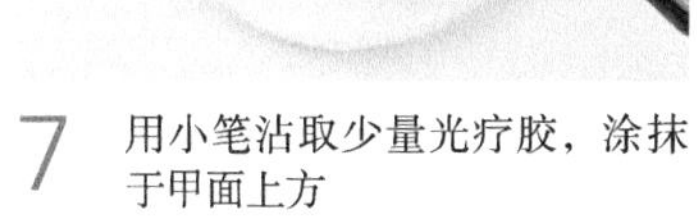

7　用小笔沾取少量光疗胶，涂抹于甲面上方

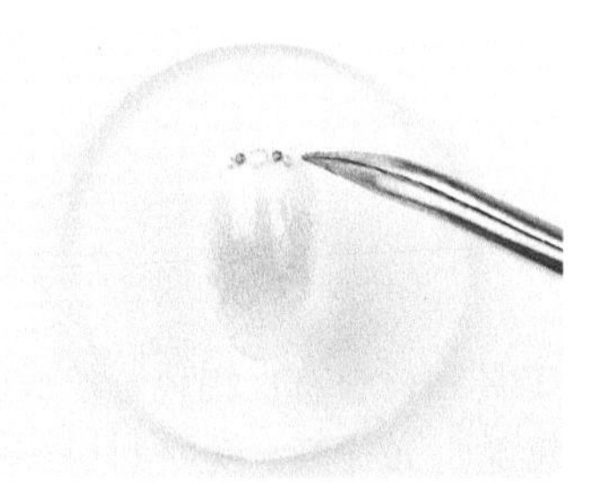

8　用镊子取饰品进行粘贴

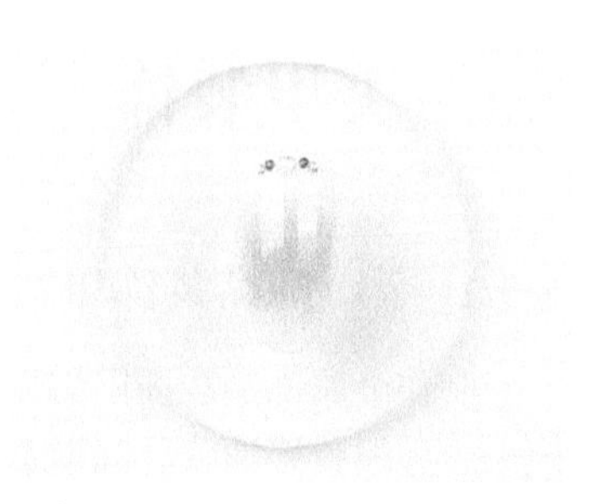

涂抹免洗封层，照灯固化 90 秒，完成

知识便签

6.5 美甲装饰

6.5.1 金属饰品装饰甲

制作金属饰品装饰甲需要的工具和材料有：白色彩绘胶、白色甲油胶、钢珠链、镊子、小笔、金色闪粉甲油胶、圆形金属饰品、光疗胶、免洗封层。

具体步骤如下。

1 涂抹白色甲油胶作为底色，照灯固化后，在甲面中部涂抹光疗胶

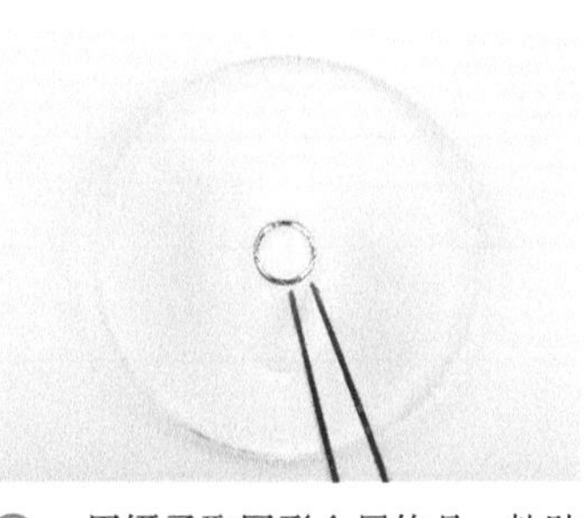

2 用镊子取圆形金属饰品，粘贴于甲面正中

3-1

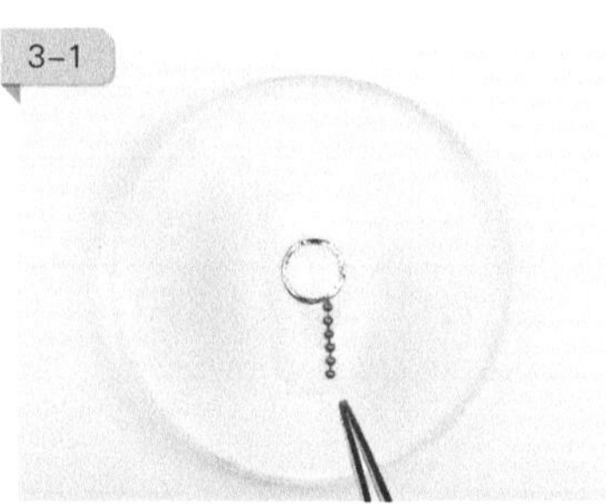

3 剪下适宜长度的钢珠链，粘贴于圆形饰品下方并依次排列

3-2

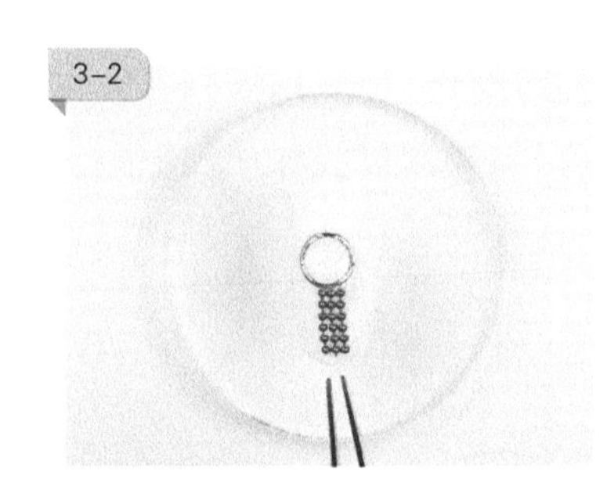

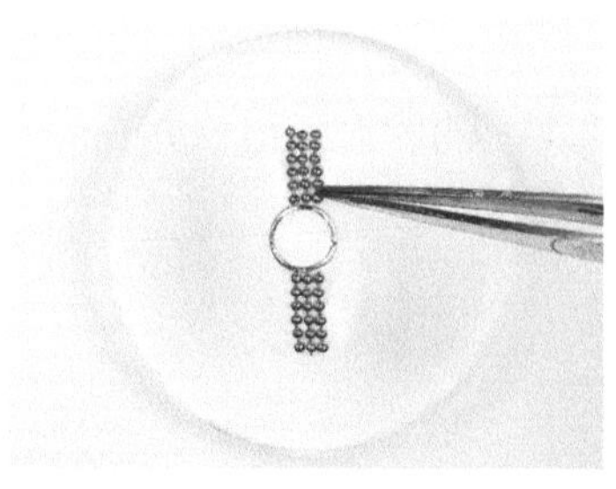

4 同样手法粘贴好上方的钢珠链，用光疗胶包边后照灯固化 60 秒

5 用小笔沾取白色彩绘胶，填满圆形饰品中部

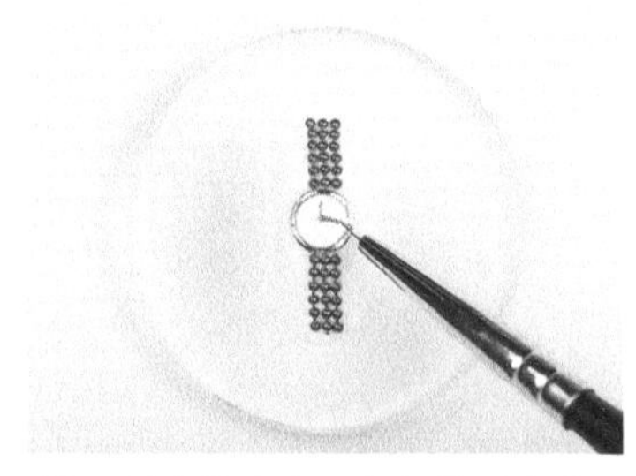

6 用小笔沾取金色闪粉甲油胶，画出图示指针形状

涂抹免洗封层，照灯固化 90 秒，完成

知识便签

6.5.2 贴纸饰品装饰甲

制作贴纸饰品装饰甲需要的工具和材料有：白色甲油胶、金线、免洗封层、剪刀、镊子。具体步骤如下。

1 涂抹白色甲油胶作为底色，照灯固化60秒

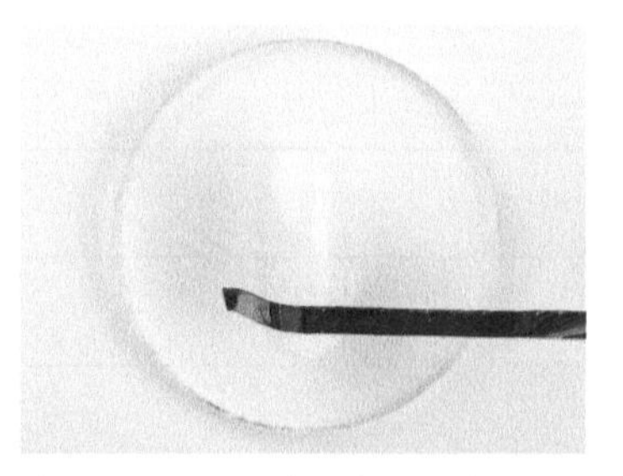

2 在甲面下方粘贴粗的金线

3 用剪刀剪下合适的长度，应比甲面宽度稍短一些，避免起翘，用镊子辅助贴合

4-1

4-2

4 同样手法剪下金线，并粘贴到所需位置

5-1

5 同样手法粘贴细的金线

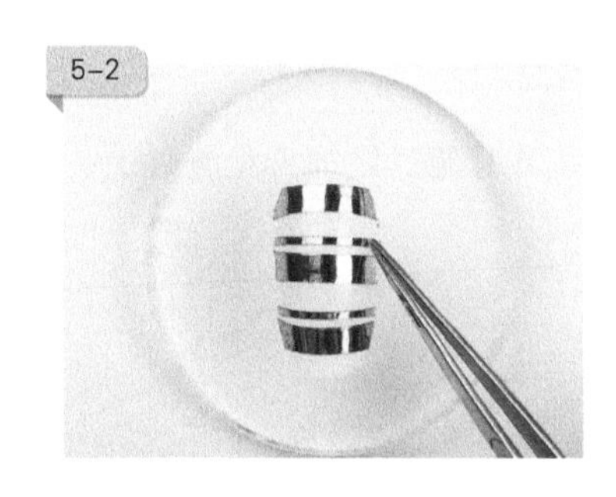

涂抹免洗封层，照灯固化 90 秒，完成

Tips:

- 粘贴金线后，为了加强固定，可以整甲涂抹一层加固胶，照灯固化 90 秒后，再涂抹封层。

知识便签

6.5.3 钻饰装饰甲

制作钻饰装饰甲需要的工具和材料有：白色甲油胶、光疗胶、光疗笔、钻饰、免洗封层、镊子、钢珠。

钻饰装饰甲的制作步骤如下。

1 涂抹白色甲油胶作为底色，照灯固化 60 秒

2 用光疗笔沾取光疗胶涂在甲面上，暂不照灯

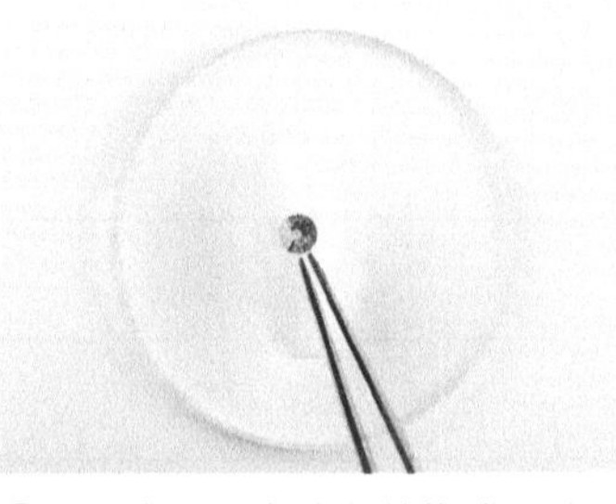

3 用镊子取较大的钻饰贴于甲面正中

4-1

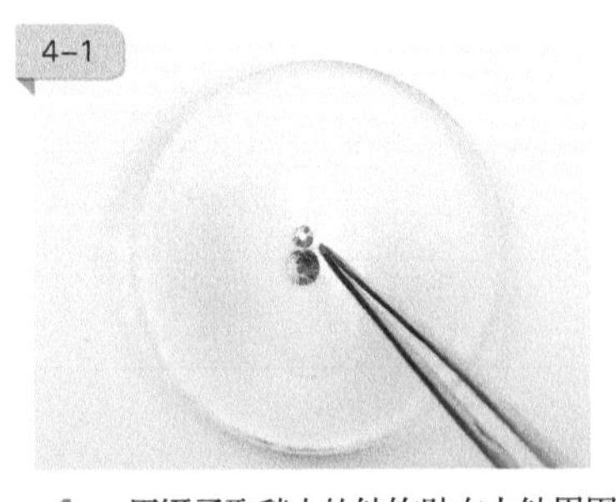

4-2

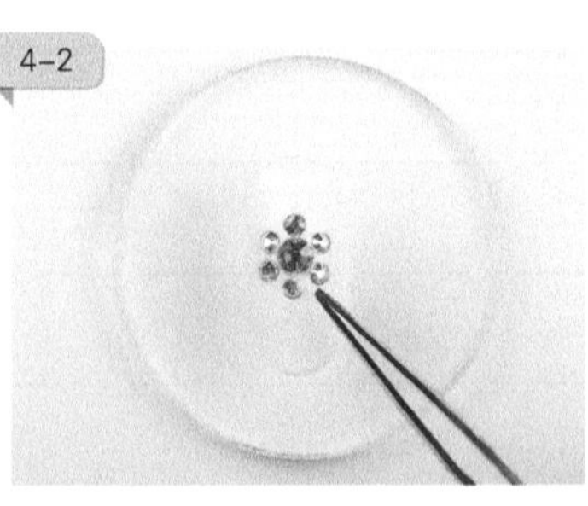

4 用镊子取稍小的钻饰贴在大钻周围

5-1

5 用镊子取金色小钢珠贴于钻饰中间位置

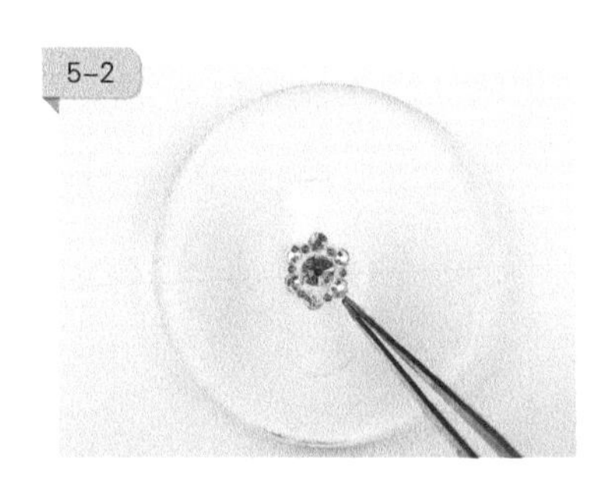

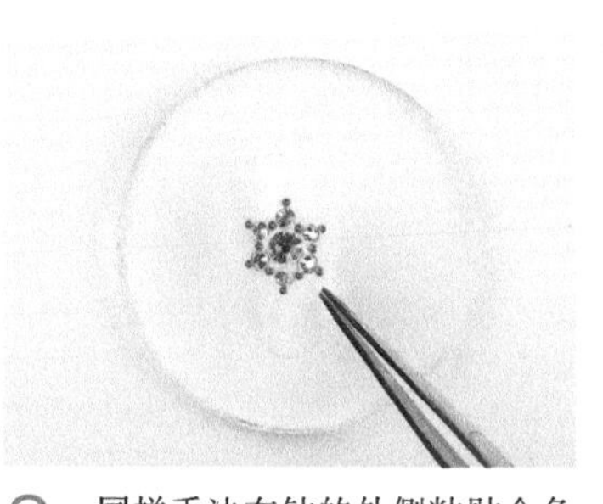

6 同样手法在钻的外侧粘贴金色小钢珠

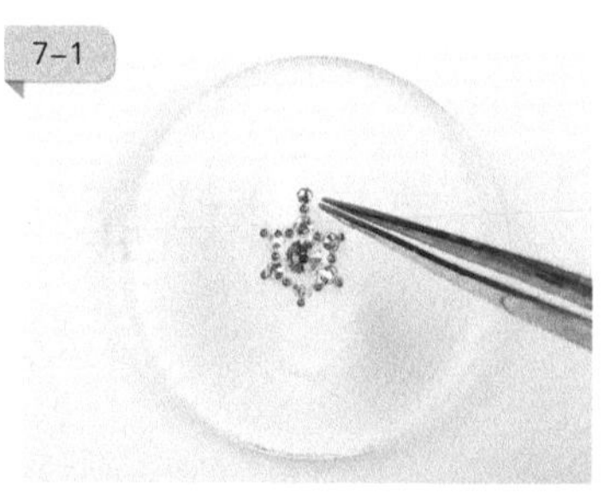

7 在小钢珠的外侧再次粘贴钻饰，照灯固化 30 秒

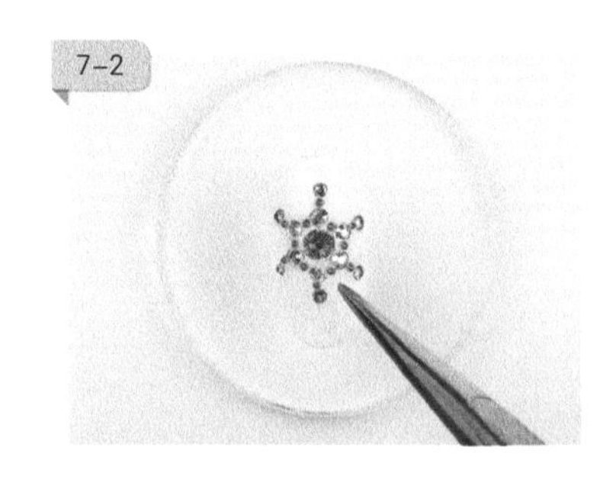

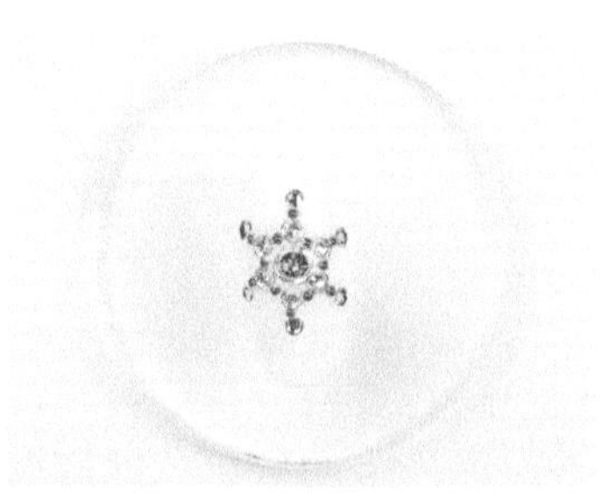

涂抹免洗封层，照灯固化 90 秒，完成

Tips:

- 粘贴钻饰后，为了加强固定，可以整甲涂抹一层加固胶，照灯固化 90 秒后，再涂抹封层。

知识便签

附录

附录 1　CPMA 专业培训认证

一级美甲师认证

考试内容 试前检查（10 分钟）：桌面布置、消毒管理、模特的手指状态检查
技能考试（117 分钟）：指甲护理、基础技能
理论考试（40 分钟）：关于指甲的基础知识、色彩原理、美甲操作顺序等

双手实操 右手：5 根手指图红色甲油胶、无名指使用银色闪粉进行装饰
左手：5 根手指图粉红色甲油胶，并做出渐变效果，无名指以“花”为主题进行基础彩绘

考试规定 只有理论考试与技能考试都达到合格标准才视为通过考试，并获得 CPMA 一级美甲师认定证书。

二级美甲师认证

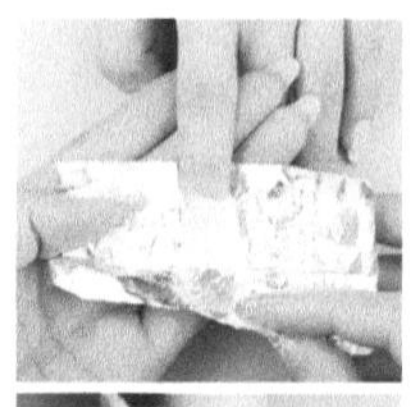

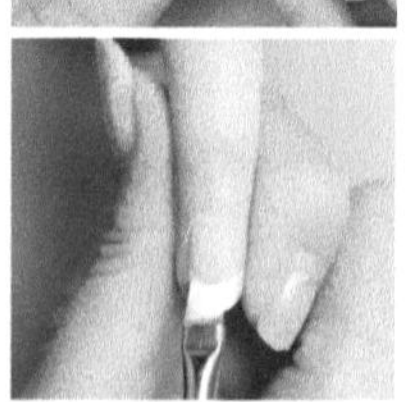

考试内容 试前检查（10 分钟）：桌面布置、消毒管理、模特的手指状态检查
技能考试（142 分钟）：卸甲及指甲护理、美甲技法
理论考试（40 分钟）：关于指甲的基础知识、常见病变及处理方法、美甲操作顺序等

双手实操 右手：粉色甲油胶卸除、5 根手指本甲上进行法式操作
左手：无名指光疗延长、食指三色渐变、其余三指涂抹粉色甲油胶，中指用小圆笔画出双层花

考试规定 通过 CPMA 一级美甲师认证者方可报名二级认证，只有理论考试与技能考试都达到合格标准才视为通过考试，并获得 CPMA 二级美甲师认定证书。

三级美甲师认证

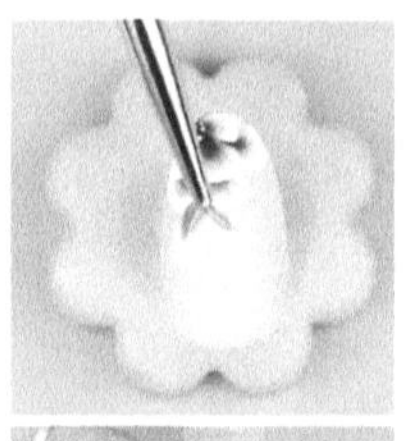

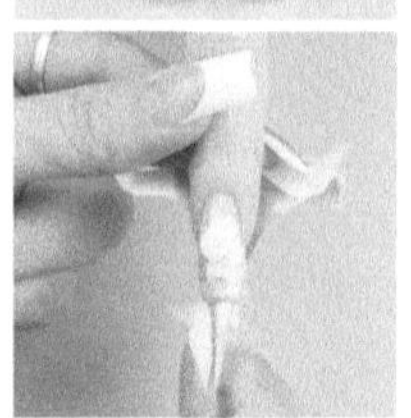

考试内容 理论考试（40 分钟）：关于指甲结构、常见病变及处理方法、美甲操作顺序等
试前检查（10 分钟）：桌面布置、消毒管理、模特的手指状态检查
技能考试（240 分钟）：指甲护理、光疗延长甲、法式甲等美甲高级技法，分上下场，各 120 分钟

双手实操 右手：拇指光疗延长法式甲（自然色甲床）、食指中指光疗延长法式甲（透明甲床）、无名指光疗设计延长甲 +3D 排笔彩绘（花朵主题）、尾指光疗透明延长甲
左手：拇指水晶延长法式甲（自然色甲床）、食指中指水晶延长法式甲（透明甲床）、无名指水晶设计延长甲 + 双色外雕（花朵主题）、尾指水晶透明延长甲

考试规定 通过 CPMA 二级美甲师认证者方可报名三级认证，只有理论考试与技能考试都达到合格标准才视为通过考试，并获得 CPMA 三级美甲师认定证书。

一级讲师认证

考试内容 完成 1800 字标题为《我为什么要成为 CPMA 讲师》的论文
平时培训（2 天）：沟通与管理能力、授课技巧
考试答辩（35 分钟）：授课讲解、考生自评、论文提问考生答辩

考试规定 报名 CPMA 一级讲师者需拥有 CPMA 二级美甲师证书，只有平时培训与考试答辩成绩都达到合格标准才视为通过认证，并获得 CPMA 一级讲师认定证书。

以上考试内容与时间仅供参考作用，具体详情以 CPMA 官方发布消息为准。

附录 2　CPMA 二级美甲师认证考试内容

试前检查（10 分钟）

事前检查桌面布置、消毒管理、模特的手指状态、具体操作如下。

（1）桌面布置必须符合 CPMA 的规定，保持良好的桌面卫生状况。

（2）准备齐全考试所需的工具、材料，并事前贴好标签。

（3）消毒杯底部应铺上沾满酒精的棉花，将直接接触皮肤的工具放置入杯中消毒。

（4）确认模特的手指是否符合要求，被修复和延长的指甲不能超过 2 个。

（5）确认美甲灯连上电源。

技能考试（132 分钟）

第一部分：卸甲及指甲护理（50 分钟）

（1）右手进行卸甲及指甲护理处理，左手进行指甲护理。

（2）手指包括美甲师和模特的双手指尖、指缝必须进行擦拭消毒。

（3）用砂条修磨本甲甲形，将指甲修磨成圆形，视觉上必须对称圆润。

（4）指甲前端留白长度要控制在 2 毫米之内，10 个手指的指甲长度要协调。

（5）10 个手指都必须进行去死皮处理。

（6）去死皮浸泡指甲的时候，必须使用泡手碗。

注意：禁止使用打磨机、打磨棒、甘油、营养油、护手霜等二级考试规定用品以外的用品。

第二部分：中场休息（2 分钟）

（1）考生可在此时调整手枕、美甲灯的位置，以便后续考试。

（2）考生不可在此时进行下一步骤手部处理。

第三部分：实操部分（80 分钟）

左手：（1）拇指、尾指、中指涂粉红色甲油胶。

（2）中指以“双层花”为主题进行基础彩绘。

（3）食指用红、黄、蓝三色横向做出渐变效果。

（4）无名指进行光疗延长、长度控制在 2 ～ 5 毫米。

右手：5 个手指完成本甲法式。

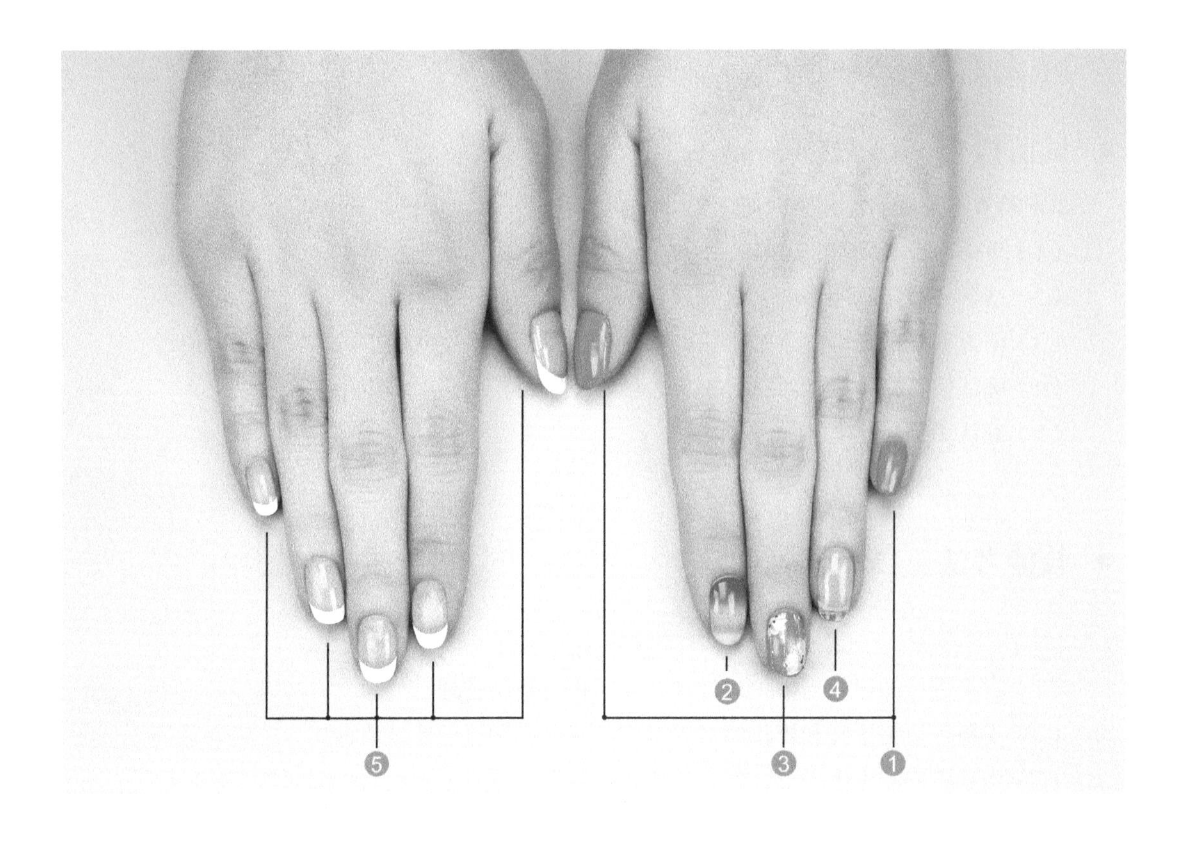

理论考试（40 分钟）

理论考试内容包括关于指甲的基础知识：卫生和消毒、手指的结构、常见病变及处理方法、美甲操作顺序等。

合格标准

技能考试 50 分满分，38 分及 38 分以上及格；理论考试 100 分为满分，80 分及 80 分以上及格。只有理论与技能考试都达到合格标注方式为通过考试，可获得 CPMA 一级美甲师认定证书。

二级考点
二维码

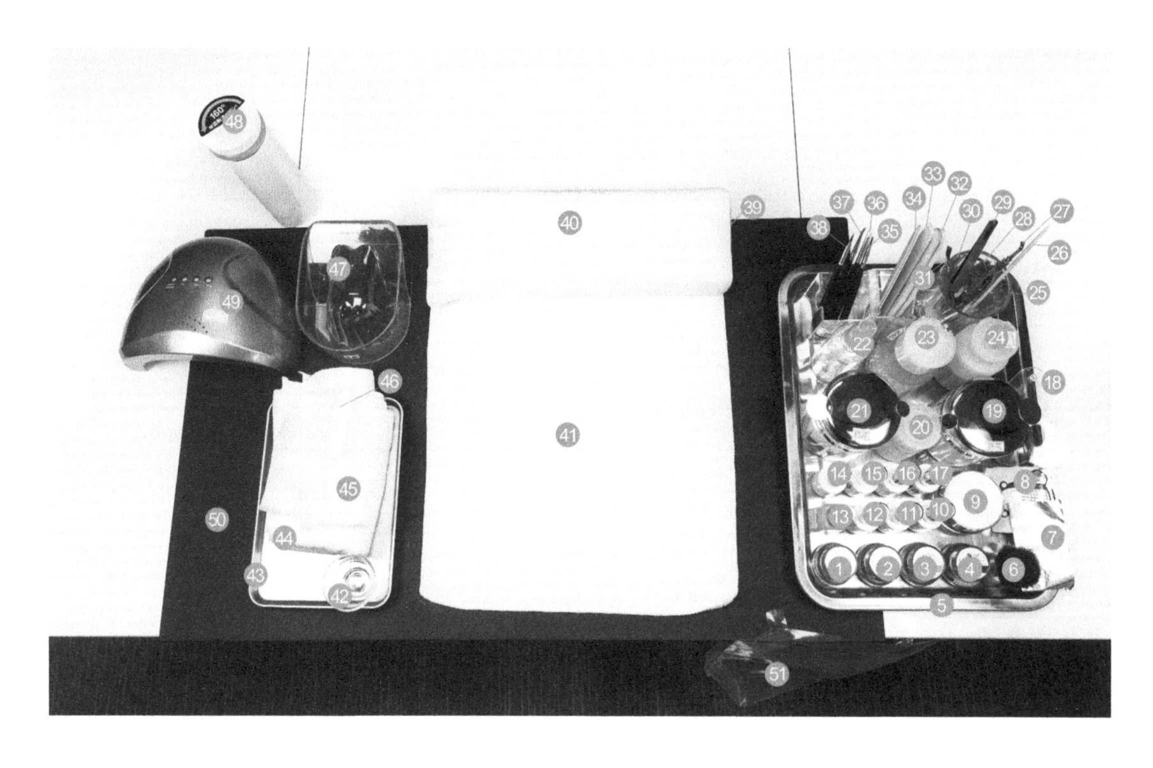

● 考试摆台

1 白色彩绘胶；
2 黄色彩绘胶；
3 红色彩绘胶；
4 绿色彩绘胶；
5 大托盘；
6 粉尘刷；
7 锡纸；
8 纸托；
9 光疗延长胶；
10 封层；
11 白色甲油胶；
12 红色甲油胶；
13 软化剂；
14 底胶；
15 黄色甲油胶；
16 蓝色甲油胶；
17 粉红色甲油胶；
18 调色盘；
19 装棉花的袋盖收纳容器；
20 75 度酒精；
21 装棉片的袋盖收纳容器；
22 装 75 度酒精的喷嘴瓶；
23 95 度酒精；
24 卸甲水；
25 消毒杯；
26 桔木棒；
27 死皮推；
28 小剪刀；
29 镊子；
30 死皮剪；
31 笔筒；
32 海绵锉；
33 薄款砂条；
34 厚款砂条；
35 圆笔；
36 小笔；
37 渐变晕染笔；
38 光疗笔；
39 手枕；
40 毛巾；
41 厨房用纸；
42 小碗；
43 小托盘；
44 毛巾；
45 无纺布；
46 硬毛清洁刷；
47 泡手碗；
48 保温杯；
49 美甲灯；
50 桌垫

附录 3　部分美甲专业术语中英文对照表

中文	英文	中文	英文
消毒水	sanitizer	奇妙溶解液	tip blender
洗甲水	polish remover	先处理液	equalizer
死皮软化剂	cuticle solvent	反应液	reaction liquid
酒精	alcohol	松枝胶	crystal glaze
皂液	liquid soap	修补	fill in
按摩膏	lotion	卸甲	soak off / tip off
营养油	cuticle oil	手绘	hand paint
手护养	manicure	彩绘	airbrush
干裂手护理	hot oil manicure	镶钻	diamond on
足护理	pedicure	水贴	water decal
水晶粉	nail powder	金银彩贴	gold foil
水晶液	nail liquid	金饰	gold charm
调理液	liquid	形状	shape
消毒箱	disinfect box	椭圆	oval
手柄	hand handler	方形	square
按摩油	massage oil	尖形	pointed
甲片	tip	圆形	round
刷子	brush	梯形	flare
精华素	ampoule	长的	long
洗笔水	brush cleaner	短的	short
水晶指甲	acrylic nails	厚的（粗）	thick
消毒干燥剂	primer	薄的（细）	thin
抛光块	buff	轻的	light
指托板	forms	中等的	medium
指甲专用胶	nail glue	重的	heavy
纸巾	nail wipes	底油	base coat
丝绸甲	silk wrappers	亮油	top coat
法式指甲	french manicure	指甲油	nail polish
贴片水晶甲	acrylic with tips		